제3판

시대 변화에 따른 영양과 건강에 대한 올바른 지식

NEW

영양학

김나영 · 김 진 · 배상옥 · 양경미
최일숙 · 김성수 · 김 섭 공저

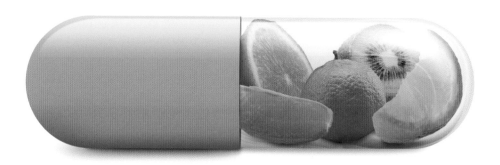

NUTRITION

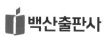 백산출판사

생명연장을 위한 생활 중 가장 기초적이라고 할 수 있는 식생활은 최근 눈부신 경제성장과 소득수준의 향상으로 급속한 변화와 발전을 거듭하고 있다. 건강한 삶을 영위하고자 하는 욕망은 인간이 추구하는 최고의 가치 중 하나이다.

현대인들은 건강 유지에 대한 관심은 높으나, 스트레스와 운동 부족, 영양의 과잉과 부족, 음주와 흡연 외에도 불규칙한 식사와 생활로 인하여 만성 성인병과 질병을 일으키고 있으며, 이에 따른 불안감으로 현대사회는 영양과 건강에 대해 많은 관심을 갖게 되었다.

본서에서는 시대적 변화에 따라 우리와 더욱 밀접한 관계를 유지하게 된 영양과 건강에 대한 올바른 지식을 되도록 쉽게 전달하고자 하였다. 영양학의 정의 및 건강을 위한 식사지침은 물론 영양과 건강의 개념 설정과 영양소의 기능, 소화·흡수, 흡수된 각 영양소의 체내 대사기전을 소개하였고, 건강관리와 비만, 항산화 영양소, 영양평가 등을 통하여 영양과 식생활을 접목시키고자 하였다.

여러모로 부족한 점이 많으나 미비한 부분은 계속 수정·보완해 나갈 것을 약속드리며, 본서가 독자 여러분께 유용한 정보를 제공하여 건강을 지키는 데 일조하기를 바란다.

끝으로, 이 책이 나오기까지 격려하고 도와주신 백산출판사 사장님과 편집부 직원 여러분, 그리고 무엇보다 소중한 저자 가족들의 배려에 진심으로 감사드린다.

저자 일동

Contents 　차 례

제4장 탄수화물 / 57

제5장 지질 / 77

제6장 단백질 / 97

제 **1** 장

영양학이란

Chapter 1

영양학이란

1. 영양과 영양소

영양(nutrition)이란, 식품을 섭취한 후 저작 작용이나 소화 효소 등의 이화학적 작용을 통한 소화와, 장점막세포를 통한 흡수 및 각 조직이나 기관의 성장 및 유지를 위한 여러 작용을 하고 불필요한 대사물질은 체외로 배설하는 일련의 과정을 의미한다. 즉 우리 몸의 세포에서 동화작용(anabolism)과 이화작용(catabolism)으로 에너지를 방출하고 생명을 유지하는 모든 과정을 말한다. 영양은 건강한 삶을 유지하기 위해 매우 중요하며, 먹는 것 자체가 즐거움과 만족감, 심리적 안정감을 제공하기도 한다. 따라서 우리 몸에 필요한 영양소를 공급해 줄 뿐 아니라 체내 방어체계를 튼튼하게 하여 질병을 예방하고 치료에도 도움을 줄 수 있는 균형 잡힌 식사가 되도록 함이 바람직하다.

영양소(nutrient)란, 우리가 건강을 유지하고 살아가기 위하여 외부로부터 섭취해야 하는 물질이다. 즉 영양소는 탄수화물, 지질, 단백질, 비타민, 무기질, 물의 6대 영양소로 나누어지며 탄수화물, 지질, 단백질은 우리 몸의 에너지원이 되고 비타민, 무기질, 물 등은 신체 조절기능의 보조요소로 작용한다.

표 1-1 필수영양소의 종류

탄수화물	단당류	포도당, 과당, 갈락토오스
	이당류	맥아당, 자당, 젖당
	소당류	라피노스, 스타키오스
	다당류	전분, 글리코겐 및 식이섬유질(수용성과 불용성)
지질	포화지방산	팔미트산, 스테아르산 등등
	불포화지방산	리놀레산, 리놀렌산, 아라키돈산 등등
단백질 (아미노산)	필수아미노산	이소루신, 루신, 라이신, 메티오닌, 페닐알라닌, 트레오닌, 트립토판, 발린, 히스티딘
	불필수아미노산	알라닌, 아스파라긴, 아스파르트산, 시스테인, 글루탐산, 글루타민, 글리신, 프롤린, 세린, 티로신, 알기닌
비타민	수용성 비타민	티아민, 리보플라빈, 니아신, 판토텐산, 비오틴, 비타민 B_6, 비타민 B_{12}, 엽산, 비타민 C
	지용성 비타민	비타민 A, 비타민 D, 비타민 E, 비타민 K
무기질	다량 무기질	칼슘, 인, 나트륨, 염소, 칼륨, 마그네슘, 황
	미량 무기질	철, 아연, 구리, 플루오르, 망간, 요오드, 몰리브덴, 셀레늄, 코발트, 크롬
물	물	

2. 영양소의 체내 기능

영양소는 우리 몸에서 여러 가지 생리적인 기능을 제공한다. 우리 신체의 성장발달 및 유지에 중요하며, 에너지의 공급원 및 몸의 대사기능을 조절하는 역할이다.

1) 신체의 성장발달 및 유지

아기가 태어나면서 성장함에 탄수화물, 단백질, 지질, 비타민, 무기질 및 물은 인체의 성장 발달에 매우 중요한 요소들이다. 체골격 및 체근육의 형성과 발달을 위해서는 위의 6대 영양소가 필수적인 요소들로 작용된다. 또한 성인이 되어 성장은 정지되더라도, 우리 몸의 보수나 유지를 위해서는 영양소들의 역할이 매우 중요하다. 균형 잡힌 음식물의 섭취가 이루어지지 않으면 건강에 이상이 나타나게 되므로 6대 영양소의 균형 잡힌 식사습관은 매우 중요하다.

2) 에너지의 공급

우리가 말을 하거나 생각하거나 운동하는 모든 활동에는 에너지가 필요하다. 이러한 에너지를 공급하는 영양소로는 탄수화물과 단백질 그리고 지질이 이용된다. 이들 영양소는 우리 몸의 세포에서 각각 1g당 4kcal, 4kcal, 9kcal의 에너지를 발생한다. 예를 들어, 계란 1개(약 50g)를 섭취 시 탄수화물 1g, 단백질 6g, 지질 5g이 함유되어 있으므로 73kcal(4+24+45)의 에너지를 섭취하게 되는 것이다. 또한 아보카도 100g을 섭취 시 탄수화물 7g, 단백질 2g, 지질 10g이 함유되어 있으므로 126kcal(28+8+90)의 에너지를 섭취하게 되는 것이다. 이들 탄수화물, 단백질, 지질의 영양소들이 에너지를 생산하기 때문에 이들을 '열량소'라고도 한다. 이 에너지는 활동에 필요한 활동에너지와 체온 유지를 위한 열에너지, 그리고 숨을 쉬거나 몸속의 대사에 필요한 기초대사를 위한 에너지로 나눌 수 있다.

3) 신체 내 생리적 기능의 조절

우리의 몸은 항상성(homeostasis)이 유지되어야 정상적인 생활이 가능하다. 이 항상성을 위해서는 체온, pH, 수분, 면역체계, 효소들과 호르몬들의 균형 있는 생리 활동 등이 유지되어야 한다. 이러한 모든 작용과 연관되어진 것은 영양소(단백질, 지질, 비타민, 무기질, 수분)들이다. 따라서 영양이 균형 잡힌 상태로 이루어져야 우리의 신체는 항상성을 유지하며 건강하게 생활할 수 있게 된다. 만약 우리 몸에 필요한 영양소가 결핍되거나 과잉섭취할 경우 영양 부족에 의한 질환이나 영양과잉에서 오는 비만을 비롯한 여러 현대 생활습관에 따른 질환들이 나타날 확률이 높아지게 된다. 따라서 건강을 유지하려면 남녀노소를 불문하고 일생을 통하여 고른 영양소, 즉 여섯 가지 영양소를 각자의 신체조건에 맞도록 균형 있게 섭취하는 것이 필요하다.

즉 식품의 구성성분으로, 체내에서 다양하게 사용되어 생명을 유지시켜 주고 건강과 성장을 촉진시키는 것이 바로 '영양소(nutrient)'이다. 영양소는 우리가 매일 먹는 음식물로부터 얻어진다. 모든 영양소를 완전히 갖춘 하나의 식품은 없으므로 우리 몸에 필요한 영양소들을 모두 얻기 위해서는 여러 가지 음식을 골고루 먹어야 한다.

3. 식생활의 기본원리

건강한 식생활을 위한 기본원리는 다양한 식품을 적당량 섭취하여 영양의 균형을 맞추는 것이다. 각각의 영양소를 섭취함으로써 건강을 유지할 수 있기 때문이다.

그림 1-1 건강을 위한 바람직한 식생활

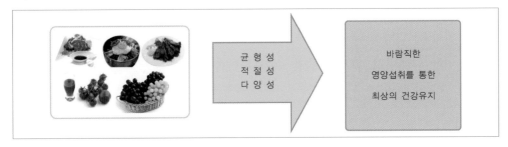

1) 다양성

한 가지 식품의 섭취로 6대 영양소 모두의 필요량을 충족시킬 수는 없다. 예를 들면, 완전식품으로 알려져 있는 달걀은 비타민 C가 전혀 없고 칼슘도 거의 공급하지 못하며, 우유는 칼슘은 충분하나 철분과 비타민 D의 양이 매우 적다. 이들 동물성 기원의 식품들은 식이섬유가 함유되어 있지 않다. 반면 당근의 베타카로틴, 브로콜리의 엽산 등 과일과 채소에는 생리적 활성을 지닌 피토케미컬(phytochemicals)이 다량 함유되어 있으므로 이들을 다양하게 지속적으로 섭취하면, 암이나 현대 질환의 위험을 낮출 수 있다는 연구가 많이 보고되어 있다. 따라서 다양한 식품의 섭취를 통해 필요한 영양소를 골고루 공급받는 것은 매우 중요하다고 하겠다.

2) 적절성

식품을 섭취하는 데 있어 적당한 양의 개념은 매우 중요하다. 이것은 모든 영양소를 필요한 만큼 골고루 섭취할 수 있도록 식품을 조절하는 것을 말하며, 너무 많거나 적게 섭취하지 않는다는 것을 뜻한다. 예를 들면, 한 끼 식사에서 지방, 당분, 염분 등이 많은 식품을 섭취했다면, 그날의 남은 식사에서는 이것의 함량이 적은 식품을 섭취하여 하루에 필요한 양이 적절히 유지될 수 있도록 하는 것을 말한다.

3) 균형성

균형 잡힌 식사란, 모든 영양소가 적당량 포함되어 있는 식사를 말하며, 균형 잡힌 식사를 위한 가장 좋은 방법은 매일의 식사에서 다섯 가지 기초식품군(곡류 및 전분류, 채소 및 과일류, 육류/어류/난류 및 두류, 우유 및 유제품, 유지 및 당류)을 골고루 섭취하는 것이다. 참고로 한국식단은 이들 기초식품군을 골고루 갖춘 균형 잡힌 식단으로 대표될 수 있다. 예를 들면, 잡곡밥 한 공기(곡류 및 전분류), 김치 및 나물무침(채소류, 유지류), 계란프라이나 생선 반 토막 또는 두부조림(육류/어류/난류 및 두류), 후식으로 요구르트와 사과 반 개(우유 및 유제품, 과일류)를 들 수 있다. 우리 조상들의 지혜는 현대과학에서도 빛을 발한다고 하겠다.

잠깐 쉬어 갈까요

　　나쁜 식사와 좋은 식사의 차이는 무엇일까요? 평균수명이 높은 지역의 식사와 만성 질병 발생률이 높은 지역의 식사 습관을 비교해 보면 차이점을 발견할 수 있습니다. 다음은 우리가 조심해야 할 나쁜 식사의 예입니다.

- 단음식을 너무 많이 먹으면 열량과잉으로 인한 비만을 촉진한다.
- 기름진 음식, 튀긴 음식, 삼겹살, 케이크 등을 많이 먹으면 포화지방산 및 열량과다로 인한 고지혈증 등이 유도된다.
- 인스턴트식품, 즉석식품, 냉동식품 등 가공식품을 자주 먹으면 소디움, 포화지방산, 식품첨가물 등을 과다 섭취함으로 인해 건강에 문제를 야기시킬 수 있다.
- 패스트푸드를 과잉 선호하는 식사는 맛있고 배도 부르지만 질병을 예방하는 비타민, 무기질, 식이섬유소 등의 여러 영양소의 결핍을 초래할 수 있다.

제**2**장

건강을 위한 식사지침

Chapter 2

건강을 위한 식사지침

1. 한국인의 영양섭취기준

하루에 식품을 얼마나 섭취해야 건강을 유지하는 데 적당한가에 대한 전문가들의 제안이 영양섭취기준이다. 우리나라의 경우, 1962년 세계식량농업기구와 세계보건기구 한국위원회에 의하여 한국인 영양권장량(Recommended Dietary Allowance; RDA)이 최초로 제정된 이후 2000년, 7차 개정까지 한국영양학회에 의해 5년마다 지속적인 개정을 거듭하여 왔다. 2005년 영양섭취기준(Dietary Reference Intakes; DRIs)의 개념이 설정되었고 이는 2010년에 1차 개정이 이루어지게 되었다. 영양섭취기준(Dietary Reference Intakes; DRIs)은 건강한 개인 및 집단이 건강증진 및 생활습관 관련 질환을 예방하고 최적의 건강상태를 유지하기 위해 권장하는 에너지 및 각 영양소 섭취량에 대한 기준이다. 영양소 섭취기준의 설정 목적은 영양소 섭취부족과 과다섭취로 인한 건강위해를 예방하는 것이며, 영양소 섭취부족을 피하기 위한 목적으로 세워진 기준인 평균필요량(estimated average requirement, EAR), 권장섭취량(recommended nutrient intake, RNI) 및 충분섭취량(adequate intake, AI)과 과다섭취로 인한 건강위해를 피하기 위한 목적인 상한섭취량(tolerable upper intake level, UL)으로 구성되어 있다.(복지부, 2015년 한국인 영양소 섭취기준)

그림 2-1 영양섭취기준(Dietary Reference Intakes; DRIs)

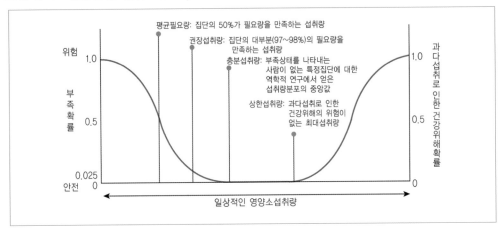

자료: 한국인 영양섭취기준(한국영양학회, 2005)

(1) 평균필요량(Estimated Average Requirement; EAR)

영양소 섭취기준에서 섭취부족을 예방하기 위한 지표 중 하나이며 개인의 경우에는 부족할 확률이 50%([그림 2-2]), 집단의 경우에는 절반의 대상자에서 부족이 발생할 수 있도록 설정한 영양소 섭취기준이다([그림 2-3]). 그러므로 집단의 경우 영양소 섭취가 부족한 사람의 비율을 낮게 하기 위해서는 평균섭취량보다 적게 섭취하는 사람의 비율을 되도록 낮게 하도록 한다.

그림 2-2 영양소 섭취기준 지표의 개념도(평균필요량, 권장섭취량, 충분섭취량, 상한섭취량)

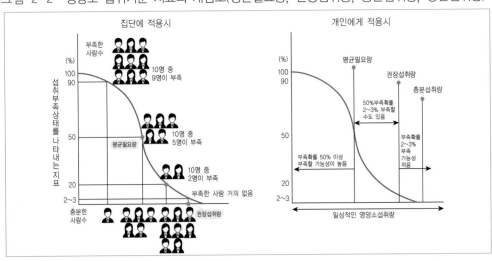

자료: 食事攝取基準の實踐・運用を考える會, 2015)

그림 2-3   평균필요량과 권장섭취량

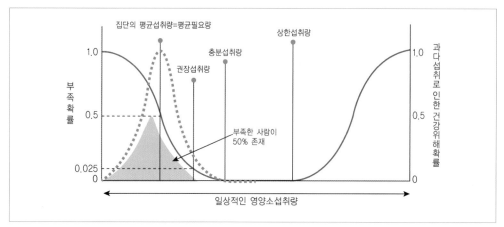

자료: 食事攝取基準の實踐 · 運用を考える會, 2015)

(2) 권장섭취량(Recommended Nutrient Intake; RNI)

영양소 섭취부족을 예방하기 위한 기준 지표 중 하나이며 개인의 경우에는 부족할 확률이 거의 없도록 설정한 영양소 섭취기준이다([그림 2-4]). 집단의 경우에는 영양소 섭취량의 평균값이 권장섭취량과 동일해도 섭취량의 분포를 볼 때 섭취량이 부족한 사람부터 필요량보다 많은 사람까지 존재하므로 부족할 확률을 가질 대상자가 일정 수준(이론상으로는 16~17%) 존재하게 된다([그림 2-5]). 따라서 집단의 식사개선을 위한 평가에는 권장섭취량을 사용하지 않는다.

그림 2-4   집단의 평균섭취량이 평균필요량과 같은 경우

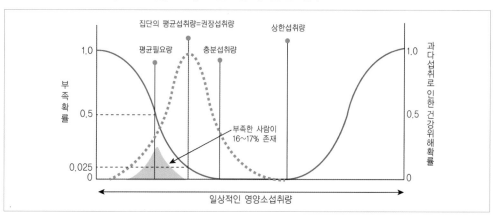

자료: 食事攝取基準の實踐 · 運用を考える會, 2015)

평균필요량과 권장섭취량을 결정하기 위해서는 명확한 과학적 그거가 있어야 한다. 즉, 부족 또는 충분 상태를 객관적으로 측정할 수 있는 새체지표(바이오마커)가 존재하여 인위적으로 부족(충분) 상태를 만들어 그 값을 결정한 영양소만 가능하다.

그림 2-5 집단의 평균섭취량이 권장섭취량과 같은 경우

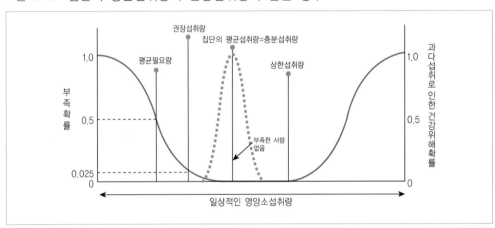

자료: 食事攝取基準の實踐・運用を考える會, 2015)

(3) 충분섭취량(Adequate Intake; AI)

평균필요량과 권장섭취량을 설정할 수 없는 경우 영양소 섭취부족을 예방하기 위해 설정하는 기준지표이다. 단기간에 섭취부족상태를 결정할 수 없거나 유아와 같이 임상조사가 어려운 경우 생체지표 등을 이용하여 섭취량을 충족하고 있는 사람들을 추출한 뒤 그 집단의 일상적인 섭취량 분포의 중앙값을 충분섭취량으로 사용한다. 충분섭취량에 근접하게 섭취한다면 적절한 섭취상태라고 판단할 수 있다([그림 2-6]).

(4) 상한섭취량(Tolerable Upper Intake Level; UL)

영양소의 과다섭취를 예방하기 위한 지표로서 이 값을 초과하여 섭취하면 과다섭취로 인한 건강위해가 일어나는 위험이 존재한다. 일반적인 식품을 섭취한 경우에는 거의 도달할 수 없는 양이며 이 값에 근접하여 섭취하지 않도록 권장한다.

모든 영양소의 섭취기준은 동일하지 않으며, 2015년 한국인 영양소 섭취기준으로 제정된 각각의 영양소의 구체적인 섭취기준을 참고한다.

그림 2-6   집단의 평균섭취량이 충분섭취량과 같은 경우

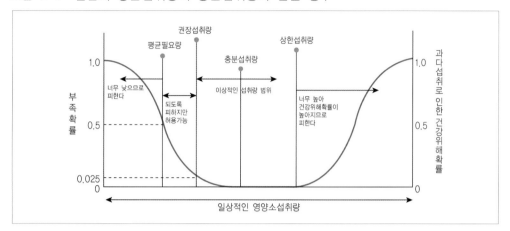

자료: 食事攝取基準の實踐・運用を考える會, 2015)

2. 식사구성안과 식품구성자전거

1) 식사구성안

건강을 유지하고 식습관에서 오는 질환들을 예방하기 위한 적절한 식단의 작성을 위하여 한국영양학회에서는 우리나라 사람들의 식생활 습관을 고려하여 각 식품군별 대표식품의 1인 1회 분량을 설정하고, 생애 주기에 따른 1일 섭취횟수를 제시하였다. 식사구성안에서 사용되는 1인 1회 분량(serving size)은 섭취해야 하는 양으로 처방된 것이 아니라, 사람들이 섭취한다고 생각되는 양으로부터 산출된 것이므로 우리나라 사람들이 통상적으로 섭취하는 양에 가깝다. 이는 정확한 열량과 3대 영양소를 조절해야 하는 질병 시의 식이요법을 위한 교환단위와는 다름에 주의해야 한다.

2) 식품구성자전거

우리가 어떠한 식품들을 섭취해야 골고루 먹을 수 있는지를 알려주는 모형이 식품구성자전거(2015)이다. 식품구성자전거는 다양한 식품을 통한 균형 있는 영양섭

취 및 물의 섭취와 더불어 규칙적인 운동을 통한 건강유지를 나타내는 개념을 포함하고 있다. 식품구성자전거의 앞바퀴에는 충분한 양의 물 섭취를 표현하고 있으며, 뒷바퀴에는 곡류, 고기·생선·달걀·콩류, 채소류, 과일류, 우유·유제품류의 5가지 식품군을 골고루 섭취할 수 있도록 표현하고 있다. 식품군 중 과잉 섭취를 주의해야 하는 유지·당류는 적게 섭취하는 것을 권장하여 식품구성자전거에 포함하지 않았다. 식품구성자전거에 앉아있는 사람의 모습은 적절한 영양소 섭취기준과 함께 충분한 신체활동을 통하여 건강을 유지하는 모습을 뜻한다. ([그림 2-7]).

그림 2-7 식품구성자전거

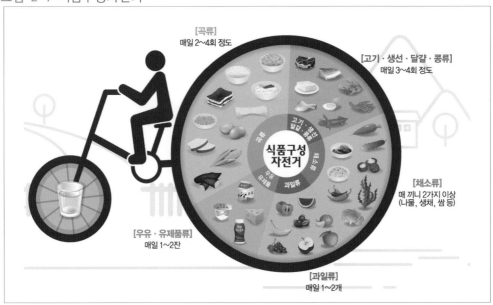

자료: 2015 한국인 영양소 섭취기준(보건복지부 · 한국영양학회, 2015)

3) 식사구성안에 따른 식품군별 대표식품과 1인 1회 분량 및 1일 섭취횟수

식사구성안은 개인의 영양소 섭취기준을 충족할 수 있도록 식품군별 대표 식품과 섭취 횟수를 이용하여 식사의 기본 구성 개념을 설명하였다. 식단을 다양하고 균형 있게 작성하고자 할 때, 각 식품군별로 1인 1회 분량을 활용하면 편리하고 적절하며 다양한 식단을 준비할 수 있다. 즉 식품군별 대표식품과 이것의 1인 1회 분량, 성별, 연령별로 각각의 식품군을 하루에 섭취해야 할 횟수가 제시되어 있으므로 1인 1회

분량 및 1일 섭취횟수를 반영하여 식단을 구성할 수 있다(<표 2-1>). 예를 들면, 식품군별 1회 분량 당 열량의 경우, 곡류는 대략 300kcal, 고기·생선·달걀·콩류는 100kcal, 채소류는 15kcal, 과일은 50kcal, 우유 및 유제품은 125kcal, 유지·당류는 45kcal의 열량 함량을 기준으로 같은 식품군 내에서는 1회 분량을 서로 교환함으로써 다양성을 유도할 수 있다.

표 2-1 식사구성안에 따른 식품군별 대표식품과 1인 1회 분량 및 1일 섭취횟수

식품군	대표식품의 1인 1회 분량	영유아 (1-2세)				아동 (6-11세)		청소년 12-18세		성인 19-64세		노인 65세이상	
		(1-2세)		(3-5세)		남	여	남	여	남	여	남	여
		남	여	남	여	2700a	2000a	2600a	2100a	2400a	1900a	2000a	1600a
		1000a		1400a									
곡류 열량 300kcal	백미 90g 쌀밥 210g 국수(말린 것) 90g 가래떡 150g 빵 80g	1		2		3	2.5	3.5	3	4	3	3.5	3
고기, 생선, 달걀, 콩류 열량 100kcal	쇠고기, 돼지고기, 닭고기, 오리고기 60g 햄, 소세지 30g 고등어, 꽁치 60g 오징어, 새우, 굴 80g 뱅어포(말린 것) 15g 달걀, 메추라기알 60g 대두, 완두콩, 강낭콩 20g 두부 80g 두유 200ml	1.5		2		3.5	3	5.5	3.5	5	4	4	2.5
채소류 열량 15kcal	파, 양파, 당근, 콩나물, 시금치 70g 김치 40g 마늘, 생강 10g 미역, 다시마 30g 김 2g 버섯류 30g	4		6		7	6	8	7	8	8	8	6
과일 열량 50kcal	수박, 참외, 딸기 150g 사과, 귤, 배, 바나나, 감, 포도 100g 건포도, 대추(말린 것) 15g 과일음료 100ml	1		1		1	1	4	2	3	2	2	1
우유 및 유제품 열량 125kcal	우유 200ml 치즈 20g 요구르트(호상) 100ml	2		2		2	2	2	2	1	1	1	1
유지, 당류 열량 45kcal	식물성 기름류 5g 설탕, 물엿, 꿀 10g	3		4		5	5	8	6	6	4	4	4

자료: 2015 한국인 영양소 섭취기준, 보건복지부& 한국영양학회

3. 식품교환표

식품교환표는 식사요법을 실천해야 할 경우 식품의 영양가표를 이용하지 않고도 편리하게 영양소 섭취량을 추정할 수 있도록 대한영양사협회와 당뇨학회가 공동으로 개발한 식사계획 도구이다. 식품들을 영양소 조성이 비슷한 것끼리 묶어서 곡류, 어육류, 채소, 과일, 우유, 지방의 6종류로 구분하고 같은 군에 속한 식품들을 자유롭게 바꾸어 선택하여 먹음으로써 처방된 열량 범위 안에서 벗어나지 않게 도와주기 때문에 간단한 교육을 통해 일반인도 쉽게 응용할 수 있도록 고안되어 있다. 비슷한 분량의 영양가 있는 식품들을 하나로 묶어서 같은 묶음 안에 포함된 식품들끼리 섭취할 수 있도록 만든 것이다(<표 2-2>).

각 영양소를 함유한 식품군 1교환단위와 에너지양 및 3대 영양소량을 이해하고, 각 식품군의 식품 1교환 분량을 기억한 후 각각의 대상자에 적합한 식단을 작성해야 한다. 주식으로 사용되는 곡류 및 녹말류의 경우 열량 100kcal, 탄수화물 23g, 단백질 26g을 구성하는 식품의 양을 기준으로 이에 적합한 식품과 그 양은 쌀 30g, 마른국수 30g, 삶은 국수 90g, 식빵 1장 35g 등에 해당하며, 이들은 서로 교환하여 식단작성에 사용될 수 있다. 단백질의 경우 중·저지방군의 식품군에는 열량 50kcal, 단백질 8g, 지방 2g을 기준으로 정하고 있으며, 중지방군의 단백질은 열량 75kcal, 단백질 8g, 지방 2g을 기준으로 한다. 채소군의 경우 열량 20kcal, 탄수화물 3g, 단백질 2g을 함유하는 식품군으로 포기김치 70g, 깍두기 50g, 각종 나물 70g, 깻잎 20g 등이 이에 속한다. 과일류의 경우 열량 50kcal, 탄수화물 12g 등이며, 우유군은 열량 125kcal, 단백질 6g, 지질 6g을 함유한 식품들로 우유 200mL, 분유 25g 등이 포함된다. 지방군은 열량 121kcal, 탄수화물 2.1g, 단백질 1g 등으로 참기름·콩기름·들기름 5g, 마요네즈 7g이 이에 해당하는 식품들의 예이다.

표 2-2 열량에 따른 식품군별 교환단위수(우유 · 유제품 1회 권장)

식품군		대표식품의 1교환단위	1000 (kcal)	1400 (kcal)	1500 (kcal)	1600 (kcal)	1700 (kcal)	1800 (kcal)	1900 (kcal)	2000 (kcal)	2100 (kcal)	2200 (kcal)	2400 (kcal)	2600 (kcal)	2700 (kcal)
곡류군 열량 100kcal 당질 23g 단백질 2g		쌀 30g 마른국수 30g 삶은 국수 90g 식빵 1장 35g	1.5	2.5	2.5	3	3	3	3	3.5	3.5	3.5	4	4	4
어육류군	저지방군 열량 50kcal 단백질 8g 지방 2g	육류 40g 어류 50g 치즈 30g 달걀 55g 메추리알 40g 검정콩 20g 두부 80g	1.5	2	2.5	2.5	3.5	3.5	4	4	4.5	5	5	6	6.5
	중지방군 열량 75kcal 단백질 8g 지방 5g	검정콩 20g 두부 80g													
채소군 열량 20kcal 당질 3g 단백질 2g		가지, 연근, 콩나물, 당근, 물미역, 시금치, 호박, 고구마순 70g 포기김치 70g 깍두기 50g 깻잎 20g 김 2g	5	6	6	6	6	7	8	8	8	8	8	9	9
과일군 열량 50kcal 당질 12g		사과, 배, 귤, 포도 100g 과일주스 100g 토마토주스 200g 토마토, 수박 250g	1	1	1	1	1	2	2	2	2	2	3	4	4
우유군 열량 125kcal 당질 11g 단백질 6g 지질 6g		우유 200mL 분유 25g	1	1	1	1	1	1	1	1	1	1	1	1	1
지방군 열량 45kcal 지방 5g		참기름, 들기름, 콩기름 5g(1ts) 마요네즈 7g	2	4	4	4	4	4	4	4	5	6	6	7	8

자료: 21세기 식생활관리(최혜미, 2006), 2015년 한국인 영양소 섭취기준(복지부)

표 2-3 한국인 영양소 섭취기준

1. 에너지와 다량영양소의 영양소 섭취기준

보건복지부, 2020

성별	연령	에너지 (kcal/일) 필요추정량	탄수화물 (g/일) 충분섭취량	지방 (g/일) 충분섭취량	리놀레산 (g/일) 충분섭취량	알파-리놀렌산 (g/일) 충분섭취량	EPA+DHA (mg/일) 충분섭취량	단백질 (g/일) 평균필요량	단백질 (g/일) 권장섭취량	단백질 (g/일) 충분섭취량	식이섬유 (g/일) 충분섭취량	수분 (mL/일) 충분섭취량 액체	수분 (mL/일) 충분섭취량 총수분
영아	0~5(개월)	500	60	25	5.0	0.6	200[2]			10		700	700
	6~11	600	90	25	7.0	0.8	300[2]	12	15			500	800
유아	1~2(세)	900			4.5	0.6		15	20		15	700	1,000
	3~5	1,400			7.0	0.9		20	25		20	1,100	1,500
남자	6~8(세)	1,700			9.0	1.1	200	30	35		25	800	1,700
	9~11	2,000			9.5	1.3	220	40	50		25	900	2,000
	12~14	2,500			12.0	1.5	230	50	60		30	1,100	2,400
	15~18	2,700			14.0	1.7	230	55	65		30	1,200	2,600
	19~29	2,600			13.0	1.6	210	50	65		30	1,200	2,600
	30~49	2,500			11.5	1.4	400	50	65		30	1,200	2,500
	50~64	2,200			9.0	1.4	500	50	60		30	1,000	2,200
	65~74	2,000			7.0	1.2	310	50	60		25	1,000	2,100
	75 이상	1,900			5.0	0.9	280	50	60		25	1,100	2,100
여자	6~8(세)	1,500			7.0	0.8	200	30	35		20	800	1,600
	9~11	1,800			9.0	1.1	150	40	45		25	900	1,900
	12~14	2,000			9.0	1.2	210	45	55		25	900	2,000
	15~18	2,000			10.0	1.1	100	45	55		25	900	2,000
	19~29	2,000			10.0	1.2	150	45	55		20	1,000	2,100
	30~49	1,900			8.5	1.2	260	40	50		20	1,000	2,000
	50~64	1,700			7.0	1.2	240	40	50		20	1,000	1,900
	65~74	1,600			4.5	1.0	150	40	50		20	900	1,800
	75 이상	1,500			3.0	0.4	140	40	50		20	1,000	1,800
임신부[1]		+0 +340 +450			+0	+0	+0	+12 +25	+15 +30		+5		+200
수유부		+340			+0	+0	+0	+20	+25		+5	+500	+700

주: 1) 에너지 임신부 1, 2, 3 분기별 부가량, 단백질 임신부 2, 3 분기별 부가량; 2) DHA

성별	연령	단백질(g/일)				메티오닌(g/일)				류신(g/일)			
		평 균 필요량	권 장 섭취량	충 분 섭취량	상 한 섭취량	평 균 필요량	권 장 섭취량	충 분 섭취량	상 한 섭취량	평 균 필요량	권 장 섭취량	충 분 섭취량	상 한 섭취량
영아	0~5(개월)			10				0.4				1.0	
	6~11	12	15			0.3	0.4			0.6	0.8		
유아	1~2(세)	15	20			0.3	0.4			0.6	0.8		
	3~5	20	25			0.3	0.4			0.7	1.0		
남자	6~8(세)	30	35			0.5	0.6			1.1	1.3		
	9~11	40	50			0.7	0.8			1.5	1.9		
	12~14	50	60			1.0	1.2			2.2	2.7		
	15~18	55	65			1.2	1.4			2.6	3.2		
	19~29	50	65			1.0	1.4			2.4	3.1		
	30~49	50	65			1.1	1.3			2.4	3.1		
	50~64	50	60			1.1	1.3			2.3	2.8		
	65~74	50	60			1.0	1.3			2.2	2.8		
	75 이상	50	60			0.9	1.1			2.1	2.7		
여자	6~8(세)	30	35			0.5	0.6			1.0	1.3		
	9~11	40	45			0.6	0.7			1.5	1.8		
	12~14	45	55			0.8	1.0			1.9	2.4		
	15~18	45	55			0.8	1.1			2.0	2.4		
	19~29	45	55			0.8	1.0			2.0	2.5		
	30~49	40	50			0.8	1.0			1.9	2.4		
	50~64	40	50			0.8	1.1			1.9	2.3		
	65~74	40	50			0.7	0.9			1.8	2.2		
	75 이상	40	50			0.7	0.9			1.7	2.1		
임신부		+12 +25	+15 +30			1.1	1.4			2.5	3.1		
수유부		+20	+25			1.1	1.5			2.8	3.5		

성별	연령	이소류신(g/일)				발린(g/일)				라이신(g/일)			
		평균 필요량	권장 섭취량	충분 섭취량	상한 섭취량	평균 필요량	권장 섭취량	충분 섭취량	상한 섭취량	평균 필요량	권장 섭취량	충분 섭취량	상한 섭취량
영아	0~5(개월)			0.6				0.6				0.7	
	6~11	0.3	0.4			0.3	0.5			0.6	0.8		
유아	1~2(세)	0.3	0.4			0.4	0.5			0.6	0.7		
	3~5	0.3	0.4			0.4	0.5			0.6	0.8		
남자	6~8(세)	0.5	0.6			0.6	0.7			1.0	1.2		
	9~11	0.7	0.8			0.9	1.1			1.4	1.8		
	12~14	1.0	1.2			1.2	1.6			2.1	2.5		
	15~18	1.2	1.4			1.5	1.8			2.3	2.9		
	19~29	1.0	1.4			1.4	1.7			2.5	3.1		
	30~49	1.1	1.4			1.4	1.7			2.4	3.1		
	50~64	1.1	1.3			1.3	1.6			2.3	2.9		
	65~74	1.0	1.3			1.3	1.6			2.2	2.9		
	75 이상	0.9	1.1			1.1	1.5			2.2	2.7		
여자	6~8(세)	0.5	0.6			0.6	0.7			0.9	1.3		
	9~11	0.6	0.7			0.9	1.1			1.3	1.6		
	12~14	0.8	1.0			1.2	1.4			1.8	2.2		
	15~18	0.8	1.1			1.2	1.4			1.8	2.2		
	19~29	0.8	1.1			1.1	1.3			2.1	2.6		
	30~49	0.8	1.0			1.0	1.4			2.0	2.5		
	50~64	0.8	1.1			1.1	1.3			1.9	2.4		
	65~74	0.7	0.9			0.9	1.3			1.8	2.3		
	75 이상	0.7	0.9			0.9	1.1			1.7	2.1		
임신부		1.1	1.4			1.4	1.7			2.3	2.9		
수유부		1.3	1.7			1.6	1.9			2.5	3.1		

성별	연령	페닐알라닌+티로신(g/일)				트레오닌(g/일)				트립토판(g/일)			
		평균 필요량	권장 섭취량	충분 섭취량	상한 섭취량	평균 필요량	권장 섭취량	충분 섭취량	상한 섭취량	평균 필요량	권장 섭취량	충분 섭취량	상한 섭취량
영아	0~5(개월)			0.9				0.5				0.2	
	6~11	0.5	0.7			0.3	0.4			0.1	0.1		
유아	1~2(세)	0.5	0.7			0.3	0.4			0.1	0.1		
	3~5	0.6	0.7			0.3	0.4			0.1	0.1		
남자	6~8(세)	0.9	1.0			0.5	0.6			0.1	0.2		
	9~11	1.3	1.6			0.7	0.9			0.2	0.2		
	12~14	1.8	2.3			1.0	1.3			0.3	0.3		
	15~18	2.1	2.6			1.2	1.5			0.3	0.4		
	19~29	2.8	3.6			1.1	1.5			0.3	0.3		
	30~49	2.9	3.5			1.2	1.5			0.3	0.3		
	50~64	2.7	3.4			1.1	1.4			0.3	0.3		
	65~74	2.5	3.3			1.1	1.3			0.2	0.3		
	75 이상	2.5	3.1			1.0	1.3			0.2	0.3		
여자	6~8(세)	0.8	1.0			0.5	0.6			0.1	0.2		
	9~11	1.2	1.5			0.6	0.9			0.2	0.2		
	12~14	1.6	1.9			0.9	1.2			0.2	0.3		
	15~18	1.6	2.0			0.9	1.2			0.2	0.3		
	19~29	2.3	2.9			0.9	1.1			0.2	0.3		
	30~49	2.3	2.8			0.9	1.2			0.2	0.3		
	50~64	2.2	2.7			0.8	1.1			0.2	0.3		
	65~74	2.1	2.6			0.8	1.0			0.2	0.3		
	75 이상	2.0	2.4			0.7	0.9			0.2	0.2		
임신부		3.0	3.8			1.2	1.5			0.8	1.0		
수유부		3.7	4.7			1.3	1.7			0.8	1.1		

성별	연령	히스티딘 (g/일)				수분(mL/일)					
		평균 필요량	권장 섭취량	충분 섭취량	상한 섭취량	음식	물	음료	충분섭취량		상한 섭취량
									액체	총수분	
영아	0~5(개월)			0.1					700	700	
	6~11	0.2	0.3			300			500	800	
유아	1~2(세)	0.2	0.3			300	362	0	700	1,000	
	3~5	0.2	0.3			400	491	0	1,100	1,500	
남자	6~8(세)	0.3	0.4			900	589	0	800	1,700	
	9~11	0.5	0.6			1,100	686	1.2	900	2,000	
	12~14	0.7	0.9			1,300	911	1.9	1,100	2,400	
	15~18	0.9	1.0			1,400	920	6.4	1,200	2,600	
	19~29	0.8	1.0			1,400	981	262	1,200	2,600	
	30~49	0.7	1.0			1,300	957	289	1,200	2,500	
	50~64	0.7	0.9			1,200	940	75	1,000	2,200	
	65~74	0.7	1.0			1,100	904	20	1,000	2,100	
	75 이상	0.7	0.8			1,000	662	12	1,100	2,100	
여자	6~8(세)	0.3	0.4			800	514	0	800	1,600	
	9~11	0.4	0.5			1,000	643	0	900	1,900	
	12~14	0.6	0.7			1,100	610	0	900	2,000	
	15~18	0.6	0.7			1,100	659	7.3	900	2,000	
	19~29	0.6	0.8			1,100	709	126	1,000	2,100	
	30~49	0.6	0.8			1,000	772	124	1,000	2,000	
	50~64	0.6	0.7			900	784	27	1,000	1,900	
	65~74	0.5	0.7			900	624	9	900	1,800	
	75 이상	0.5	0.7			800	552	5	1,000	1,800	
임신부		1.2	1.5							+200	
수유부		1.3	1.7						+500	+700	

2. 지용성 비타민의 영양소 섭취기준

보건복지부, 2020

성별	연령	비타민 A (µg RAE/일)				비타민 D (µg/일)		비타민 E (mg a-TE/일)		비타민 K (µg/일)
		평균 필요량	권장 섭취량	충분 섭취량	상한 섭취량	충분 섭취량	상한 섭취량	충분 섭취량	상한 섭취량	충분 섭취량
영아	0~5(개월)			350	600	5	25	3		4
	6~11			450	600	5	25	4		6
유아	1~2(세)	190	250		600	5	30	5	100	25
	3~5	230	300		750	5	35	6	150	30
남자	6~8(세)	310	450		1,100	5	40	7	200	40
	9~11	410	600		1,600	5	60	9	300	55
	12~14	530	750		2,300	10	100	11	400	70
	15~18	620	850		2,800	10	100	12	500	80
	19~29	570	800		3,000	10	100	12	540	75
	30~49	560	800		3,000	10	100	12	540	75
	50~64	530	750		3,000	10	100	12	540	75
	65~74	510	700		3,000	15	100	12	540	75
	75 이상	500	700		3,000	15	100	12	540	75
여자	6~8(세)	290	400		1,100	5	40	7	200	40
	9~11	390	550		1,600	5	60	9	300	55
	12~14	480	650		2,300	10	100	11	400	65
	15~18	450	650		2,800	10	100	12	500	65
	19~29	460	650		3,000	10	100	12	540	65
	30~49	450	650		3,000	10	100	12	540	65
	50~64	430	600		3,000	10	100	12	540	65
	65~74	410	600		3,000	15	100	12	540	65
	75 이상	410	600		3,000	15	100	12	540	65
임신부		+50	+70		3,000	+0	100	+0	540	+0
수유부		+350	+490		3,000	+0	100	+3	540	+0

3. 수용성 비타민의 영양소 섭취기준

보건복지부, 2020

성별	연령	비타민 C (mg/일)				티아민 (mg/일)			리보플라빈 (mg/일)			니아신 (mgNE/일)[1]				
		평균 필요량	권장 섭취량	충분 섭취량	상한 섭취량	평균 섭취량	권장 섭취량	충분 섭취량	평균 섭취량	권장 섭취량	충분 섭취량	평균 섭취량	권장 섭취량	충분 섭취량	상한 섭취량[2]	상한 섭취량[2]
영아	0~5(개월)			40				0.2			0.3			2		
	6~11			55				0.3			0.4			3		
유아	1~2(세)	30	40		340	0.4	0.4		0.4	0.5		4	6		10	180
	3~5	35	45		510	0.4	0.5		0.5	0.6		5	7		10	250
남자	6~8(세)	40	50		750	0.5	0.7		0.7	0.9		7	9		15	350
	9~11	55	70		1,100	0.7	0.9		0.9	1.1		9	11		20	500
	12~14	70	90		1,400	0.9	1.1		1.2	1.5		11	15		25	700
	15~18	80	100		1,600	1.1	1.3		1.4	1.7		13	17		30	800
	19~29	75	100		2,000	1.0	1.2		1.3	1.5		12	16		35	1,000
	30~49	75	100		2,000	1.0	1.2		1.3	1.5		12	16		35	1,000
	50~64	75	100		2,000	1.0	1.2		1.3	1.5		12	16		35	1,000
	65~74	75	100		2,000	0.9	1.1		1.2	1.4		11	14		35	1,000
	75 이상	75	100		2,000	0.9	1.1		1.1	13		10	13		35	1,000
여자	6~8(세)	40	50		750	0.6	0.7		0.6	0.8		7	9		15	350
	9~11	55	70		1,100	0.8	0.9		0.8	1.0		9	12		20	500
	12~14	70	90		1,400	0.9	1.1		1.0	1.2		11	15		25	700
	15~18	80	100		1,600	0.9	1.1		1.0	1.2		11	14		30	800
	19~29	75	100		2,000	0.9	1.1		1.0	1.2		11	14		35	1,000
	30~49	75	100		2,000	0.9	1.1		1.0	1.2		11	14		35	1,000
	50~64	75	100		2,000	0.9	1.1		1.0	1.2		11	14		35	1,000
	65~74	75	100		2,000	0.8	1.0		0.9	1.1		10	13		35	1,000
	75 이상	75	100		2,000	0.7	0.8		0.8	1.0		9	12		35	1,000
임신부		+10	+10		2,000	+0.4	+0.4		+0.3	+0.4		+3	+4		35	1,000
수유부		+35	+40		2,000	+0.3	+0.4		+0.4	+0.5		+2	+3		35	1,000

주: 1) 1mg NE(니아신 당량) = 1mg 니아신 = 60mg 트립토판

   2) 니코틴산/니코틴아미드

보건복지부, 2020

성별	연령	비타민 B6 (mg/일)				엽산 (µgDFE/일)[3]				비타민B12 (µg/일)			판토텐산 (mg/일)	비오틴 (µg/일)
		평균 필요량	권장 섭취량	충분 섭취량	상한 섭취량	평균 필요량	권장 섭취량	충분 섭취량	상한 섭취량	평균 필요량	권장 섭취량	충분 섭취량	충분 섭취량	충분 섭취량
영아	0~5(개월)			0.1				65				0.3	1.7	5
	6~11			0.3				90				0.5	1.9	7
유아	1~2(세)	0.5	0.6		20	120	150		300	0.8	0.9		2	9
	3~5	0.6	0.7		30	150	180		400	0.9	1.1		2	12
남자	6~8(세)	0.7	0.9		45	180	220		500	1.1	1.3		3	15
	9~11	0.9	1.1		60	250	300		600	1.5	1.7		4	20
	12~14	1.3	1.5		80	300	360		800	1.9	2.3		5	25
	15~18	1.3	1.5		95	330	400		900	2.0	2.4		5	30
	19~29	1.3	1.5		100	320	400		1,000	2.0	2.4		5	30
	30~49	1.3	1.5		100	320	400		1,000	2.0	2.4		5	30
	50~64	1.3	1.5		100	320	400		1,000	2.0	2.4		5	30
	65~74	1.3	1.5		100	320	400		1,000	2.0	2.4		5	30
	75 이상	1.3	1.5		100	320	400		1,000	2.0	2.4		5	30
여자	6~8(세)	0.7	0.9		45	180	220		500	1.1	1.3		3	15
	9~11	0.9	1.1		60	250	300		600	1.5	1.7		4	20
	12~14	1.2	1.4		80	300	360		800	1.9	2.3		5	25
	15~18	1.2	1.4		95	330	400		900	2.0	2.4		5	30
	19~29	1.2	1.4		100	320	400		1,000	2.0	2.4		5	30
	30~49	1.2	1.4		100	320	400		1,000	2.0	2.4		5	30
	50~64	1.2	1.4		100	320	400		1,000	2.0	2.4		5	30
	65~74	1.2	1.4		100	320	400		1,000	2.0	2.4		5	30
	75 이상	1.2	1.4		100	320	400		1,000	2.0	2.4		5	30
임신부		+0.7	+0.8		100	+200	+220		1,000	+0.2	+0.2		+1.0	+0
수유부		+0.7	+0.8		100	+130	+150		1,000	+0.3	+0.4		+2.0	+5

주: 3) Dietary Folate Equivalents, 가임기 여성의 경우 400µg/일의 엽산보충제 섭취를 권장함, 엽산의 상한섭취량은 보충제 또는 강화식품의 형태로 섭취한 µg/일에 해당됨

4. 다량무기질의 영양소 섭취기준

보건복지부, 2020

성별	연령	칼슘(mg/일)				인(mg/일)				나트륨(mg/일)	
		평균 필요량	권장 섭취량	충분 섭취량	상한 섭취량	평균 필요량	권장 섭취량	충분 섭취량	상한 섭취량	충분 섭취량	만성질환 위험감소 섭취량
영아	0~5(개월)			250	1,000			100		110	
	6~11			300	1,500			300		370	
유아	1~2(세)	400	500		2,500	380	450		3,000	810	1,200
	3~5	500	600		2,500	480	550		3,000	1,000	1,600
남자	6~8(세)	600	700		2,500	500	600		3,000	1,200	1,900
	9~11	650	800		3,000	1,000	1,200		3,500	1,500	2,300
	12~14	800	1,000		3,000	1,000	1,200		3,500	1,500	2,300
	15~18	750	900		3,000	1,000	1,200		3,500	1,500	2,300
	19~29	650	800		2,500	580	700		3,500	1,500	2,300
	30~49	650	800		2,500	580	700		3,500	1,500	2,300
	50~64	600	750		2,000	580	700		3,500	1,500	2,300
	65~74	600	700		2,000	580	700		3,500	1,300	2,100
	75 이상	600	700		2,000	580	700		3,000	1,100	1,700
여자	6~8(세)	600	700		2,500	480	550		3,000	1,200	1,900
	9~11	650	800		3,000	1,000	1,200		3,500	1,500	2,300
	12~14	750	900		3,000	1,000	1,200		3,500	1,500	2,300
	15~18	700	800		3,000	1,000	1,200		3,500	1,500	2,300
	19~29	550	700		2,500	580	700		3,500	1,500	2,300
	30~49	550	700		2,500	580	700		3,500	1,500	2,300
	50~64	600	800		2,000	580	700		3,500	1,500	2,300
	65~74	600	800		2,000	580	700		3,500	1,300	2,100
	75 이상	600	800		2,000	580	700		3,000	1,100	1,700
임신부		+0	+0		2,500	+0	+0		3,000	1,500	2,300
수유부		+0	+0		2,500	+0	+0		3,500	1,500	2,300

보건복지부, 2020

성별	연령	염소(mg/일)	칼륨(mg/일)	마그네슘(mg/일)			
		충분 섭취량	충분 섭취량	평균 필요량	권장 섭취량	충분 섭취량	상 한 섭취량[1]
영아	0~5(개월)	170	400			25	
	6~11	560	700			55	
유아	1~2(세)	1,200	1,900	60	70		60
	3~5	1,600	2,400	90	110		90
남자	6~8(세)	1,900	2,900	130	150		130
	9~11	2,300	3,400	190	220		190
	12~14	2,300	3,500	260	320		270
	15~18	2,300	3,500	340	410		350
	19~29	2,300	3,500	300	360		350
	30~49	2,300	3,500	310	370		350
	50~64	2,300	3,500	310	370		350
	65~74	2,100	3,500	310	370		350
	75 이상	1,700	3,500	310	370		350
여자	6~8(세)	1,900	2,900	130	150		130
	9~11	2,300	3,400	180	220		190
	12~14	2,300	3,500	240	290		270
	15~18	2,300	3,500	290	340		350
	19~29	2,300	3,500	230	280		350
	30~49	2,300	3,500	240	280		350
	50~64	2,300	3,500	240	280		350
	65~74	2,100	3,500	240	280		350
	75 이상	1,700	3,500	240	280		350
임신부			2,300	+0	+30	+40	350
수유부			2,300	+400	+0	+0	350

주: 1) 식품 외 급원의 마그네슘에만 해당

5. 미량무기질의 영양소 섭취기준

보건복지부, 2020

성별	연령	철(mg/일)				아연(mg/일)				구리(μg/일)				불소(mg/일)	
		평균필요량	권장섭취량	충분섭취량	상한섭취량	평균필요량	권장섭취량	충분섭취량	상한섭취량	평균필요량	권장섭취량	충분섭취량	상한섭취량	충분섭취량	상한섭취량
영아	0~5(개월)			0.3	40			2				240		0.01	0.6
	6~11	4	6		40	2	3					330		0.4	0.8
유아	1~2(세)	4.5	6		40	2	3		6	220	290		1,700	0.6	1.2
	3~5	5	7		40	3	4		9	270	350		2,600	0.9	1.8
남자	6~8(세)	7	9		40	5	5		13	360	470		3,700	1.3	2.6
	9~11	8	11		40	7	8		19	470	600		5,500	1.9	10
	12~14	11	14		40	7	8		27	600	800		7,500	2.6	10
	15~18	11	14		45	8	10		33	700	900		9,500	3.2	10
	19~29	8	10		45	9	10		35	650	850		10,000	3.4	10
	30~49	8	10		45	8	10		35	650	850		10,000	3.4	10
	50~64	8	10		45	8	10		35	650	850		10,000	3.2	10
	65~74	7	9		45	8	9		35	600	800		10,000	3.1	10
	75 이상	7	9		45	7	9		35	600	800		10,000	3.0	10
여자	6~8(세)	7	9		40	4	5		13	310	400		3,700	1.3	2.5
	9~11	8	10		40	7	8		19	420	550		5,500	1.8	10
	12~14	12	16		40	6	8		27	500	650		7,500	2.4	10
	15~18	11	14		45	7	9		33	550	700		9,500	2.7	10
	19~29	11	14		45	7	8		35	500	650		10,000	2.8	10
	30~49	11	14		45	7	8		35	500	650		10,000	2.7	10
	50~64	6	8		45	6	8		35	500	650		10,000	2.6	10
	65~74	6	8		45	6	7		35	460	600		10,000	2.5	10
	75 이상	5	7		45	6	7		35	460	600		10,000	2.3	10
임신부		+8	+10		45	+2.0	+2.5		35	+100	+130		10,000	+0	10
수유부		+0	+0		45	+4.0	+5.0		35	+370	+480		10,000	+0	10

보건복지부, 2020

성별	연령	망간(mg/일)		요오드(μg/일)				셀레늄(μg/일)				몰리브덴(μg/일)			크롬(μg/일)
		충분섭취량	상한섭취량	평균필요량	권장섭취량	충분섭취량	상한섭취량	평균필요량	권장섭취량	충분섭취량	상한섭취량[1]	평균필요량	권장섭취량	상한섭취량	충분섭취량
영아	0~5(개월)	0.01				130	250			9	40				0.2
	6~11	0.8				180	250			12	65				4.0
유아	1~2(세)	1.5	2	55	80		300	19	23		70	8	10	100	10
	3~5	2.0	3	65	90		300	22	25		100	10	12	150	10
남자	6~8(세)	2.5	4	75	100		500	30	35		150	15	18	200	15
	9~11	3.0	6	85	110		500	40	45		200	15	18	300	20
	12~14	4.0	8	90	130		1,900	50	60		300	25	30	450	30
	15~18	4.0	10	95	130		2,200	55	65		300	25	30	550	35
	19~29	4.0	11	95	150		2,400	50	60		400	25	30	600	30
	30~49	4.0	11	95	150		2,400	50	60		400	25	30	600	30
	50~64	4.0	11	95	150		2,400	50	60		400	25	30	550	30
	65~74	4.0	11	95	150		2,400	50	60		400	23	28	550	25
	75 이상	4.0	11	95	150		2,400	50	60		400	23	28	550	25
여자	6~8(세)	2.5	4	75	100		500	30	35		150	15	18	200	15
	9~11	3.0	6	80	110		500	40	45		200	15	18	300	20
	12~14	3.5	8	90	130		1,900	50	60		300	20	25	400	20
	15~18	3.5	10	95	130		2,200	55	65		300	20	25	500	20
	19~29	3.5	11	95	150		2,400	50	60		400	20	25	500	20
	30~49	3.5	11	95	150		2,400	50	60		400	20	25	500	20
	50~64	3.5	11	95	150		2,400	50	60		400	20	25	450	20
	65~74	3.5	11	95	150		2,400	50	60		400	18	22	450	20
	75 이상	3.5	11	95	150		2,400	50	60		400	18	22	450	20
임신부		+0	11	+65	+90			+3	+4		400	+0	+0	500	+5
수유부		+0	11	+130	+190			+9	+10		400	+3	+3	500	+20

자료: 2020 한국인 영양소 섭취기준(보건복지부 · 한국영양학회, 2020)

4. 식단계획의 원칙

첫째, 매끼 기준보다는 하루 전체를 하나의 단위로 사용한다. 아침과 저녁을 계획한 후 부족한 부분을 점심식단에서 보충하도록 한다.

둘째, 각각의 식품군(곡류군, 단백질류군, 채소류군, 야채류군, 우유 및 유제품군, 지방군)을 매일 매끼에 포함되도록 하며, 개인의 영양상태에 따라 조절하도록 한다.

셋째, 채소류와 과일류는 꼭 포함되도록 하고 될 수 있는 한 여러 가지 색을 포함한 구성으로 식단계획을 한다.

넷째, 부드러운 질감과 아삭한 조직감을 함유한 식품으로 식단계획을 유도한다.

다섯째, 같은 음식의 반복을 피하고 다양한 식품으로 구성된 식품군을 이용한 식단을 설계하도록 노력한다.

잠깐 쉬어 갈까요

다양한 색을 함유한 식사를 하자.

2001년도 워싱턴포스트 신문에서는 푸드섹션의 기사에서 건강을 유지하기 위해서는 무지개색으로 이루어진 식사를 하라고 충고했다. 또한 미국 국립암연구소에서 1991년부터 시작된 캠페인에서는 '하루에 5가지 과일과 채소를 섭취하라'는 제안도 하였다.

다양한 색의 채소와 과일을 많이 섭취할 경우 우리의 건강에 유익한 이유는 이들 식품이 지니고 있는 'phytochemicals 또는 phytonutrients' 때문이며 이들은 항산화성, 항암성, 항균성 등의 특성이 있다. 대표적인 phytochemicals로는 카로티노이드류, 클로로필류, 플라보노이드류 등의 폴리페놀 등을 들 수 있으며 플라보노이드류에는 안토시아닌류, 크립토잔틴류, 베탈레인류 등이 이에 속한다. 여러 식사에서 기인되는 만성질환의 예방 및 치료에 이들 phytochemicals가 매우 효과적이라는 많은 연구가 보고되어 있으며, 최근에는 알츠하이머 등의 퇴행성질환예방 및 장수에도 연관됨이 보고되고 있다.

5. 식품의 영양표시제도

영양표시제도는 가공식품의 영양적 특성을 일정한 기준과 방법에 따라 표현하도록 국가가 관리하는 제도로 허위, 과대표시나 광고로부터 소비자를 보호하고 올바른 영양정보를 제공하여 식품선택에 도움을 주고자 하는 의도에서 마련되었다. 현재 영양표시제는 모든 식품에 대한 의무규정이 아니므로 공급자의 선택에 따라 표시의 유무를 결정할 수 있으나 표시하고자 한다면 기준을 준수하여야 한다. 특수영양식품, 건강보조식품, 그 외 영양소 함량을 강조 표시한 제품에 대해서는 의무적으로 영양표시를 하도록 되어 있다. 필수적으로 표시해야 하는 영양소는, ① 총열량, 지방으로부터 얻는 열량, ② 총지방, 포화지방, 콜레스테롤, ③ 나트륨(sodium, Na), ④ 총탄수화물, 식이성 섬유, 설탕류, ⑤ 강화된 식품, ⑥ 단백질, 비타민 A, 비타민 C, 칼슘, 철분 등이다.

이 밖의 영양소는 선택적으로 기재하게 되어 있으며, 영양소 함량에 따른 강조 표시에 관한 기준도 마련되어 있는데, '저', '고', '덜', '더', '강화', '첨가' 등의 용어를 사용할 때는 규정에 있는 함량에 일치해야 한다. 열량을 비롯하여 다량 영양소의 함량이 다른 표준값과 비교하여 최소 25% 이상 차이가 있고, 미량영양소의 경우 1일 권장량의 10% 이상 차이가 있을 경우에 사용하여 표시할 수 있다.

영양소 이외의 다른 첨가물들도 반드시 명기해야 하는데, 첨가량이 많은 것부터 차례로 나열한다.

영양표시 중 건강강조표시는 제품에 함유된 특정성분과 질병 간에 상관성이 있음을 주장하는 표현인데, 이 역시 엄격한 기준에 의해 표현하게 하고 있다. 예를 들어, "칼슘이 많이 함유된 식품을 섭취할 경우 골다공증의 발생위험을 줄일 수 있습니다."라고 표기하기 위해서는 제품 내 칼슘함량이 일정량 이상이어야 하며, 칼슘과 인의 비율이 1 : 1 이하여야 한다. 또한 제품 내 총지방, 포화지방, 콜레스테롤, 나트륨이 일정량 이하여야 한다.

■ 9단계 – 영양성분 강조표시를 할 것인지 결정한다

영양성분 표시 외에 "저", "무", "고(또는 풍부)", "함유(또는 급원)" 등의 용어를 사용하여 영양 강조표시를 할 것인지 결정합니다.

• 영양성분 강조표시를 할 경우 강조하고자 하는 해당 영양성분 및 9가지 의무 영양 성분 표시를 모두 해야 하니 주의하세요.

♪ "무" 또는 "저"의 용어사용
• 영양성분 함량 강조표시 세부기준에 맞도록 제조·가공과정을 통하여 해당 영양성분의 함량을 낮추거나 제거한 경우에만 사용가능
  – 다만, 영양성분 함량 강조표시 중 "저지방"에 대한 표시조건은 「축산물위생관리법」 제4조제2항에 따른 「식품의 기준 및 규격」에서 정한 기준을 적용할 수 있음

♪ "함유(또는 급원)" 또는 "고(또는 풍부)"의 용어사용
• 제품에 함유된 식이섬유, 단백질, 비타민 또는 무기질에 대해 함유사실을 표시할 때에는 해당 영양성분 함량 강조표시 세부기준에 적합한 경우에 사용할 수 있습니다.
  – 표시조건에 제시된 1가지 조건을 충족하는 경우 사용할 수 있습니다.

♪ "덜", "더", "감소 또는 라이트", "낮춘", "줄인", "강화", "첨가"의 용어사용
• 영양성분 함량의 차이를 다른 제품의 표준값과 비교하여 백분율 또는 절대값으로 표시하며, 아래의 조건에 충족하여야 표시 가능
  1) 다른 제품의 표준값을 동일한 식품유형 중 시장점유율이 높은 3개 이상의 유사식품 대상으로 산출
  2) 제춤의 영양성분 함량과 산출한 표준값과 비교 시 일정 기준 이상 차이가 있어야 함
    – 열량, 나트륨, 탄수화물, 당류, 식이섬유, 지방, 트랜스지방, 포화지방, 콜레스테롤, 단백질 다른 제품 표준값과 비교 시 최소 25% 이상 차이
    – 1일 영양성분 기준치에 제시된 비타민, 무기질(나트륨 제외) : 다른 제품 표준값과 비교 시 1일 영양성분 기준치의 10% 이상 차이
  3) 제품의 영양성분 함량과 다른 제품 표준값 차이의 절대값이 일정 기준보다 커야 함
    – "덜, 라이트, 감소" : 절대값이 해당 영양성분 "저"의 기준값보다 커야 함
    – "더, 강화, 첨가" : 절대값이 해당 영양성분 "함유"의 기준값보다 커야 함

영양성분 함량 강조표시 세부기준

영양성분	강조표시	표시조건
열량	저	식품 100g당 40kcal 미만 또는 식품 100ml당 20kcal 미만일 때
	무	식품 100ml당 4kcal 미만일 때
나트륨/소금(염)	저	식품 100g당 120mg 미만일 때 * 소금(염)은 식품 100g당 305mg 미만일 때
	무	식품 100g당 5mg 미만일 때 * 소금(염)은 식품 100g당 13mg 미만일 때
당류	저	식품 100g당 50g 미만 또는 식품 100ml당 2.5g 미만일 때
	무	식품 100g당 또는 식품 100ml당 0.5g 미만일 때
지방	저	식품 100g당 3g 미만 또는 식품 100ml당 1.5g 미만일 때
	무	식품 100g당 또는 식품 100ml당 0.5g 미만일 때
트랜스지방	저	식품 100g당 0.5g 미만일 때
포화지방	저	식품 100g당 1.5g 미만 또는 식품 100ml당 0.75g 미만이고, 열량의 10% 미만일 때
	무	식품 100g당 0.1g 미만 또는 식품 100ml당 0.1g 미만일 때
콜레스테롤	저	식품 100g당 20mg 미만 또는 식품 100ml당 10mg 미만이고, 포화지방이 식품 100g당 1.5g 미만 또는 식품 100ml당 0.75g 미만이며 포화지방이 열량의 10% 미만일 때
	무	식품 100g당 5mg 미만 또는 식품 100ml당 5mg 미만이고, 포화지방이 식품 100g당 1.5g 또는 식품 100ml당 0.75g 미만이며 포화지방이 열량의 10% 미만일 때
식이섬유	함유 또는 급원	식품 100g당 3g 이상, 식품 100kcal당 1.5g 이상일 때 또는 1회 섭취참고량당 1일 영양성분기준치의 10% 이상일 때
	고 또는 풍부	함유 또는 급원 기준의 2배
단백질	함유 또는 급원	식품 100g당 1일 영양성분 기준치의 10% 이상, 식품 100ml당 1일 영양성분 기준치의 5% 이상, 식품 100kcal당 1일 영양성분 기준치의 5% 이상일 때 또는 1회 섭취참고량당 1일 영양성분기준치의 10% 이상일 때
	고 또는 풍부	함유 또는 급원 기준의 2배
비타민 또는 무기질	함유 또는 급원	식품 100g당 1일 영양성분 기준치의 10% 이상, 식품 100ml당 1일 영양성분 기준치의 7.5% 이상, 식품 100kcal당 1일 영양성분 기준치의 5% 이상일 때 또는 1회 섭취참고량당 1일 영양성분기준치의 15% 이상일 때
	고 또는 풍부	함유 또는 급원 기준의 2배

※ 관련 규정:「식품 등의 표시기준」『별지 1』1. 아. 3) 영양강조 표시기준

그림 2-8 영양성분표시 예

Nutrition Facts

Serving size cup(114g)

Serving Per container 4

Amount Per serving

Calories 90 Calories from Fat 30

	% Daily Value*
Total Fat 3g	5%
Saturated fat 0g	0%
Cholesterol 0mg	0%
Sodium 300mg	13%
Total Carbohydrate 13g	4%
Dietary fiber 3g	12%
Sugar 0g	
Protein 3g	

vitamin A 80%	•	vitamin C 60%
calcium 4%	•	iron 4%

Percent Daily values are based on a 2,000 calorie diet. Your daily values may be higher or lower depending on your calories needs:

	Calories	2,000	2,500
Total	Less than	65g	800g
Sat Fat	Less than	20g	25g
Cholesterol	Less than	300mg	300mg
Sodium	Less than	2,400mg	2,400mg
Total Carbohydrate		300g	375g
Dietary Fiber		25g	35g

Calories per gram

Fat 9 • Carbohydrate 4 • Protein 4

미국

영양성분표

□ 시리얼 100g당   □ 40g 시리얼+우유 200ml

	시리얼 100g당	40g 시리얼+우유 200ml
탄수화물(g)	80(24%)	41(13%)
지방(g)	8(16%)	10(20%)
단백질(g)	7(12%)	9(15%)
열량(kcal)	420	290
나트륨(mg)	680(19%)	380(11%)
비타민 D	3.2(64%)	1.3(26%)
비타민 B_1	0.8(80%)	0.4(40%)
비타민 B_2	1.0(83%)	0.7(58%)
니아신	10.6(82%)	4.4(34%)
비타민 B_6	0.9(60%)	0.4(27%)
엽산	156(62%)	6.4(26%)
비타민 A	437(62%)	231(33%)
비타민 C	34(62%)	16(29%)
비타민 E	6.2(62%)	2.7(27%)
철	3.3(22%)	1.5(10%)
아연	4.6(36%)	2.6(22%)
칼슘	0(0%)	210(30%)

한국

제**3**장

영양소의 소화와 흡수

Chapter 3

영양소의 소화와 흡수

1. 소화기계

위장관은 구강에서 항문까지 늘어져 있는 긴 관이다. 이 관내에서 음식이 소화되고 영양소별로 분해된 후 관벽을 통하여 혈류로 흡수된다. 좀 더 자세히 소화관을 살펴보면 구강에서 시작하여 인두, 식도, 위, 소장, 대장 및 직장을 거쳐 항문까지 총 7~8m에 이르는 튜브 형태의 탄력성 있는 근육층으로 구성되어 있다([그림 3-1]).

2. 소화과정

1) 구강에서의 소화와 흡수

소화가 시작되는 곳으로 입에 있는 타액선은 침을 생성하고 침은 음식을 부드럽게 할 뿐만 아니라 탄수화물을 분해하는 효소(amylase)와 지질 소화효소(lingual lipase)를 함유한다. 씹는 것은 고형식품을 작게 쪼개서 식품의 체표면적을 증가시켜 효소의 소화작용을 더 효율적으로 하게 한다.

그림 3-1 소화기계

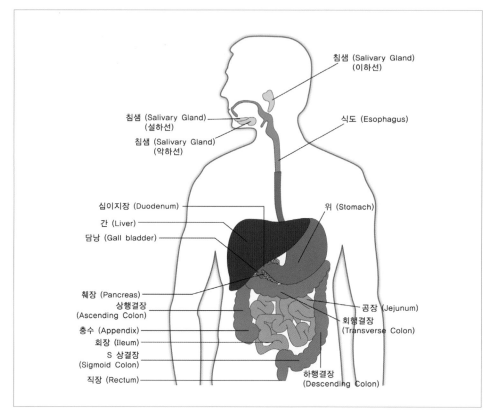

침샘 (Salivary Gland)
(이하선)

식도 (Esophagus)

침샘 (Salivary Gland)
(설하선)

침샘 (Salivary Gland)
(악하선)

십이지장 (Duodenum)

간 (Liver)

담낭 (Gall bladder)

위 (Stomach)

췌장 (Pancreas)

상행결장
(Ascending Colon)

충수 (Appendix)

회장 (Ileum)

S 상결장
(Sigmoid Colon)

직장 (Rectum)

공장 (Jejunum)

회행결장
(Transverse Colon)

하행결장
(Descending Colon)

2) 위에서의 소화와 흡수

위에 들어갈 수 있는 식품의 양은 1L(4컵) 정도되며, 위산과 효소가 분비되어 소화과정이 진행되며 음식을 먹은 후 2~3시간이 지나면 소장으로 이동한다.

식품이 위로 들어가면 가스트린(gastrin)이 분비된다. 이 호르몬은 위산 분비를 자극하여 pH 1.5에 도달할 때까지 위산이 분비되며 이후 가스트린 분비가 정지되면서 위산 분비도 정지된다. 또 하나의 조절체는 위벽에 있는 신경수용체인데 식품의 존재에 반응하고 위선과 근육의 활성을 자극한다.

위의 유문부분의 괄약근(위 밑에 존재)은 위의 내용물을 소장으로 수 mL씩 들여보내는데, 이렇게 더디게 움직여서 위 내용물을 중화시킨다. 이러한 중화작용은 소장 내에서의 산(acid)에 의한 부작용과 궤양 생성의 위험을 다소 감소시킨다.

3) 소장에서의 소화와 흡수

우리 몸에서 소장은 십이지장(duodenum), 공장(jejunum), 회장(ileum)으로 나누어지며, 대부분의 소화는 소장세포와 췌장에서 만들어진 효소에 의해 공장에서 완성되며 소장 내에 약 3~10시간 머문다.

그림 3-2 영양소의 소화과정

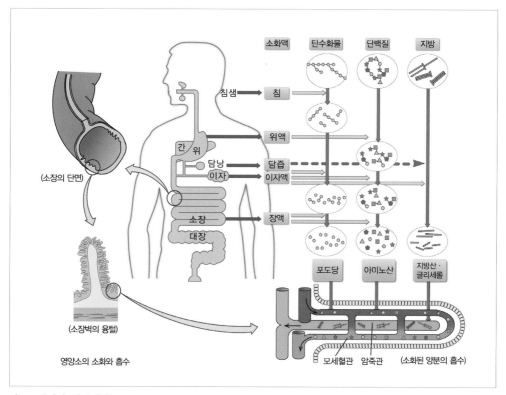

자료: 네이버 백과사전

위장에서 소화작용에 의해 형성된 반죽상태의 유미즙(chyme)이 위장에서 십이지장으로 들어가면 산을 감지하고 유문이 닫히게 된다. 십이지장으로 들어온 유미즙에 의해 세크레틴(secretin)과 콜레시스토키닌(Cholecysto-kinin, CCK)이 십이지장의 점막세포로부터 분비를 자극한다. 세크레틴은 십이지장의 S-세포에서 분비되며 십이지장의 pH를 조절하는 역할을 하는 호르몬이다. 콜레시스토키닌은 소장의 I-세포에서 합성되어 십이지장으로 분비되는 호르몬으로 췌장으로부터 소화효소들의 분비를 자극하고 또한 담낭으로부터의 담즙분비를 촉진하는 역할을 한다. 이외에도 배고픔을 억제하는 역할도 한다. 위장으로부터 십이지장으로 이동한 유미즙은 이들 호르몬에 의해 산성에서 중성으로 중화되고, 이는 다양한 소화효소들이 작용하기에 적합한 pH가 되어 영양소들은 작은 입자의 상태로 소화가 진행된다.

4) 대장에서의 소화와 흡수

상행결장(ascending colon), 횡행결장(transverse colon), 하행결장(descending colon), S자모형결장(sigmoid colon)으로 나누어진다. 전체 식사의 95% 이상이 소장에서 소화되며 나머지 5%의 비소화물은 소화작용이 일어나지 않고 결장 내 박테리아가 이를 소화한다. 흡수되지 않은 음식은 체외로 배설되기 전 약 24~72시간 동안 결장 내에 머물며 결장은 직장과 연결되고 다시 항문으로 연결된다.

그림 3-3 영양소의 흡수와 운반과정

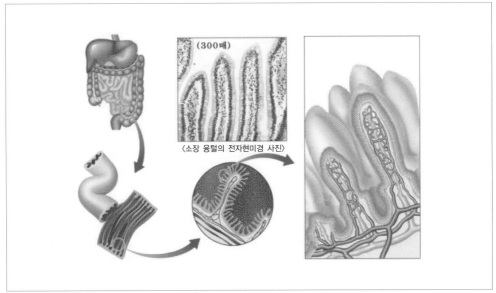

자료: 기초영양학(장유경 외, 2006)

5) 영양소의 대사

입에서의 저장작용을 통하여 식도와 소장 및 대장을 통하며 소화작용과 흡수작용을 통하여 혈액 내로 들어온 영양소들은 대부분이 간을 통한 후 혈액을 통하여 각 신체조직을 구성하는 세포로 이동하게 된다. 각 세포로 이동된 영양소는 세포 내에서 일부는 에너지로 전환되는 분해작용을 거치게 되고 일부는 저장형의 상태나 기능적인 작용을 위하여 합성작용이 이루어지게 된다. 세포 내의 분해(catabolism)와 합성(anabolism)의 모든 작용을 대사(metabolism)라고 하며 이는 매우 복잡한 기작으로, 우리의 신체가 이들의 균형상태인 항상성(homeostasis)을 유지하는 것은 건강에 매우 중요하다. 다음의 각 장에 각 영양소에 대한 대사가 제시되어 있다.

제**4**장

탄수화물

탄수화물

탄수화물은 자연계에 가장 많이 존재하는 유기물질 중 하나이며, 탄소·수소·산소가 1:2:1의 비율로 이루어진 영양소이다. 탄수화물의 기본 물질인 포도당은 광합성작용에 의해 합성되어 식물의 뿌리, 열매, 줄기와 잎 등에 녹말이나 섬유소 형태로 저장된다. 즉 엽록소를 가진 녹색식물은 태양에너지를 이용하여 공기 중의 이산화탄소와 토양의 물로부터 탄수화물을 만든다. 이들 탄수화물을 식품으로 섭취하면, 체내에서 소화작용과 흡수작용을 거쳐 중요한 에너지 급원으로 작용하는 것이다.

1. 탄수화물의 종류

1) 단당류(monosaccharides)

단당류는 탄수화물의 기본 단위로서 분자의 크기와 구조에 따라 3탄당, 5탄당, 6탄당으로 분류할 수 있지만 식품에 가장 흔하게 들어 있는 단당류는 6탄당이다. 대표적인 5탄당의 단당류로는 리보오스(ribose)와 디옥시리보오스(deoxyribose)로서 DNA나 RNA, 또는 조효소의 성분 등으로 우리 몸에 매우 중요한 구성성분이다([그림 4-1]).

그림 4-1 5탄당 단당류의 구조

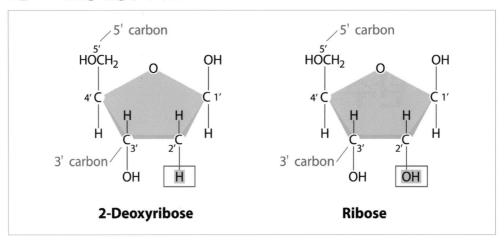

6탄당의 단당류로는 포도당(glucose), 과당(fructose), 갈락토오스(galactose) 등이 있으며 중요한 에너지원인 동시에 단맛의 성질을 가지고 있다([그림 4-1]). 이 세 가지 단당류는 분자량과 일반 분자식이 $C_6H_{12}O_6$으로 같지만, 산소와 수소의 위치가 약간씩 달라 분자의 모양과 맛이 다르다.

(1) 글루코오스(Glucose, 포도당)

탄수화물이 소화를 통하여 세포막을 통과할 수 있는 작은 단위의 6탄당이며, 혈당(blood glucose)의 성분이다. 포도당은 체내 당대사물질의 중심물질이며 알데히드기(aldehyde group)를 가진 알도오스(aldose) 형태로서 과일즙, 사탕수수, 엿당 등의 가수분해로 얻어질 수 있다.

(2) 프룩토오스(Fructose, 과당)

과당은 케톤기(ketone group)를 가진 케토오스(ketose) 형태의 6탄당으로, 과일과 꿀에 있으며, 단맛이 가장 강하다. 간에서 포도당으로 전환된다.

(3) 갈락토오스(Galactose)

자연계에 존재하는 유당의 구성성분으로 알도오스(aldose) 형태이며, 모유나 우유 등에 존재하며, 단맛이 약하고 뇌성분에 필요하다.

그림 4-2 6탄당 단당류의 구조

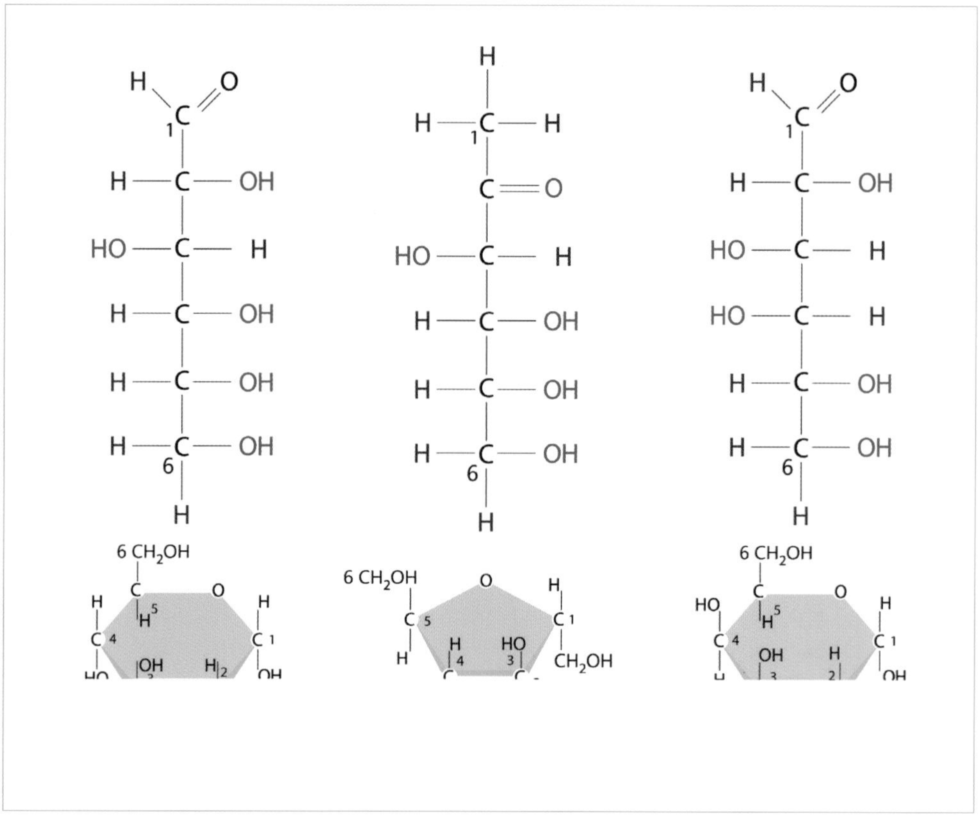

2) 이당류(Disaccharides)

이당류는 단당류 두 개가 글리코시딕 결합(glycosidic bond)을 통하여 형성되며, 자연계에서 쉽게 얻을 수 있다. 대표적인 이당류는 맥아당(maltose), 서당(sucrose)과 유당(lactose)으로 maltase, sucrase, lactase의 효소들이 각각 작용하여 이당류가 단당류로 소화된 후 혈액 속으로 흡수된다([그림 4-3]).

그림 4-3 이당류의 구조

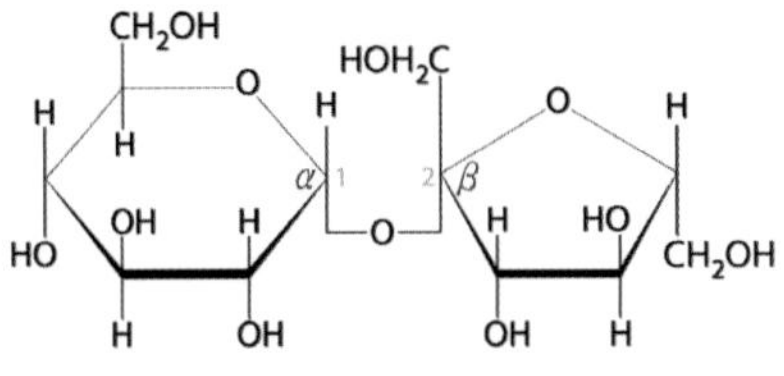

Sucrose
(α -D-Glucopyranosyl-(1→2)- β -D-fructofuranose

서당: 포도당+과당 (α −1,2 결합)

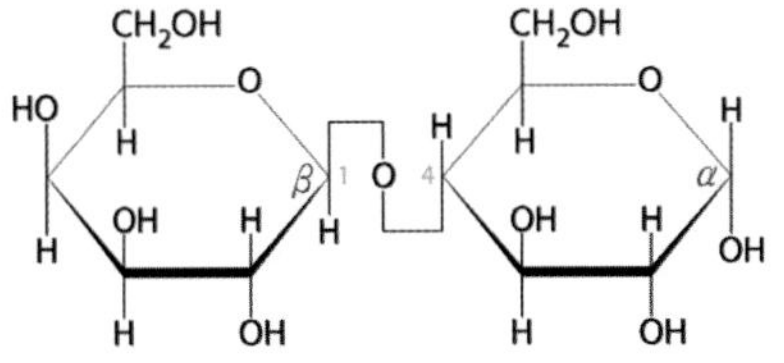

Lactose
(β -D-Glucopyranosyl-(1→4)- α -D-glucopyranose

젖당: 포도당+갈락토오스 (β −1,4 결합)

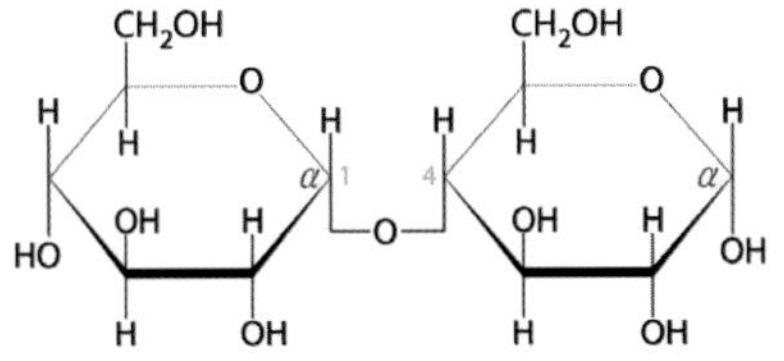

Maltose
(α -D-Glucopyranosyl-(1→4)- α -D-glucopyranose

맥아당: 포도당+포도당 (α −1,4 결합)

(1) 수크로오스(Sucrose, 서당, 설탕)

설탕을 말하며, 이당류 중 가장 넓게 분포되어 있는 당으로, 포도당(glucose)과 과당(fructose)이 글리코시드 결합(glycosidic bond)으로 구성되어 있으며 비환원당이다. 식품 중에는 주로 과일에 존재한다.

(2) 말토오스(Maltose, 맥아당, 엿당)

맥아당은 2개의 포도당(glucose)으로 구성되어 있으며, 녹말이 가수분해되어 만들어진다. 또는 맥아를 이용하여 만든 식혜에 존재한다.

(3) 락토오스(Lactose, 젖당)

젖당은 포도당(glucose)과 갈락토오스(galactose)가 결합된 이당류로 구성되어 있으며, 동물의 유즙에 주로 들어 있고, 젖당 분해효소(lactase)가 부족하면 포도당과 갈락토오스로 잘 분해되지 않아 설사나 가스팽만감 등이 형성된다. 또한 장내 유산균이 활용할 수 있는 프리바이오틱스(prebiotics)로도 이용될 수 있다.

3) 소당류(올리고당, Oligosaccharides)

소당류, 즉 올리고당은 3~10개의 단당류로 구성되며, 자연식품의 올리고당은 대부분 사람의 소화효소에 의해 분해되지 않고, 대장에 있는 박테리아에 의해 분해된다. 장내 유산균(probiotics)이 증식할 수 있는 식량으로 이용될 수 있으므로 식품에 소당류가 존재할 경우, 소당류는 프리바이오틱스(prebiotics)로서의 유효한 성질을 지닌다. 대표적인 올리고당류는 라피노오스(raffinose)와 스타키오스(stachyose) 등이 있다. 설탕과 비슷한 단맛과 물성을 가진 저에너지 감미료 상품으로 개발되었으며, 갈락토올리고당, 이소말토올리고당, 프락토올리고당 등이 있다.

또한 올리고당은 밀, 호밀, 양파 등의 자연식품에 함유되어 있는데, 요즘은 상품화되어 많이 사용된다. 또한 기능성 식재료로서 유제품과 유아용 식품에 많이 이용되고 있는데, 그 기능은 다음과 같다.

① 소화되지 않지만, 대장에서 우리 몸에 유익한 유산균(비피더스균)을 활성화시켜, 장의 건강을 유지시킨다.
② 단맛이 있으면서도 혈당을 급격히 높이지 않아 당뇨병 환자의 혈당조절 시 설탕보다 유리하다.
③ 유익한 유산균을 활성화시켜 대장암을 예방한다.
④ 칼슘과 마그네슘의 흡수를 도와준다.

4) 다당류(Polysaccharides)

다당류는 10개 이상에서 보통 수천 개의 단당류로 구성되며, 소화성 다당류(녹말,

글리코겐)와 사람이 소화하기 어려운 난소화성 다당류(식이섬유소)가 있다.

그림 4-4 다당류의 결합형태와 모양

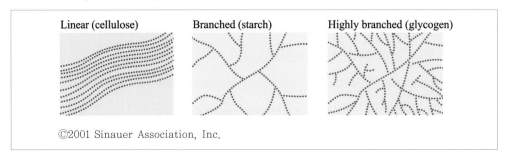

(1) 녹말(Starch)

식물에 들어 있는 저장형 다당류로서 식물이 성숙되면서 포도당들이 α -글리코시딕 결합(α -glycosidic bond)을 통하여 형성되며 아밀로오스(amylose)와 아밀로펙틴(amylopectin) 의 두 종류가 있다.

그림 4-5 다당류의 결합형태와 구조

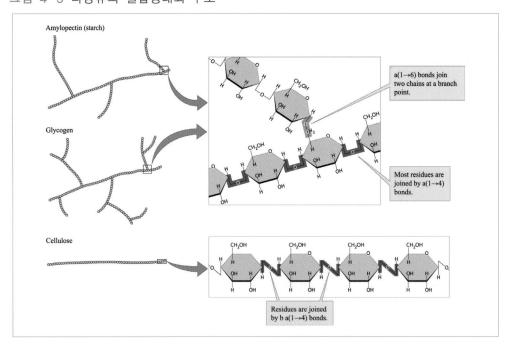

아밀로오스는 α -1,4결합을 통하여 긴 사슬모양으로 결합이 이루어지고 아밀로펙틴은 α -1,4결합과 중간에 α -1,6결합을 통하여 가지결합이 이루어진다. 녹말은 소장에서 아밀로오스 분해효소(amylase)에 의해 분해되어 포도당이 된다. 찰 녹말은 아밀로펙틴으로 구성되며, 메 녹말은 아밀로오스 20%, 아밀로펙틴 80%의 비율로 들어있으며, 곡류, 감자, 콩 등에 많이 있다. 녹말을 물과 함께 가열하면 호화가 이루어져 소화효소의 작용을 도우므로 소화가 쉽게 이루어진다.

(2) 글리코겐(Glycogen)

동물의 간과 근육에 들어 있는 저장형 다당류로서 포도당이 α -결합으로 구성되어 있다. 근육에 에너지를 공급하며, 아밀로펙틴과 구조는 유사하나 가지가 훨씬 많아 신속한 에너지 공급에 유리하다.

(3) 식이섬유소(Dietary fiber)

대부분 식물성 식품에 들어 있으며, 셀룰로오스(cellulose), 헤미셀룰로오스(hemicellulose), 리그닌(lignin), 펙틴(pectin), 검(gum) 등이 있다. 도정하지 않은 전곡류와 채소류 및 과일류 등에 다량 함유되어 있다. 식이섬유소는 인간의 소화효소에 의해 분해되지 않는 고분자 화합물이며, 물에 녹지 않는 불용성 섬유소(insoluble dietary fiber)와 물에 녹는 가용성 섬유소(soluble dietary fiber)로 구분된다. 이들은 체내에서 각기 다른 생리활성을 나타낸다(<표 4-1>).

표 4-1 식이섬유소의 기능

특성	종류	주요 급원식품	생리적 기능
불용성 식이섬유소	셀룰로오스, 헤미셀룰로오스, 리그닌	밀 제품, 현미, 호밀, 쌀, 채소, 식물의 줄기, 밀겨	분변량 증가 장 통과시간 단축 영양소 흡수 감소
수용성 식이섬유소	펙틴, 검, 일부 헤미셀룰로오스, 뮤실리지	사과, 바나나, 감귤류, 보리, 귀리, 강낭콩, 씨앗	음식물의 위장 통과 속도를 느리게 함 포도당을 천천히 흡수 혈청 콜레스테롤 감소

2. 탄수화물의 소화

1) 입

입에서는 식품을 씹어 잘게 부수는 작용과 더불어 침과도 잘 섞이게 해준다(기계적 소화). 또한 타액아밀라아제(salivary α-amylase)라는 효소는 녹말이나 글리코겐의 일부를 덱스트린이나 맥아당으로 분해한다(화학적 소화). 하지만 많은 소화작용이 일어나기 어려우며, 구강 내의 침과 음식물을 혼합시키는 정도이다.

2) 위

위장에서는 탄수화물 분해효소가 분비되지 않으며 액화시키는 장소로서의 역할을 한다. 또한 위에서 식품과 섞여 작용하는 타액아밀라아제는 위산에 의해 pH가 중화되기 전까지 덱스트린이나 맥아당으로의 분해는 지속된다.

3) 소장

장은 탄수화물의 소화와 흡수가 동시에 일어나는 소화관이다. 위를 통과한 음식물 중 전분이나 글리코겐의 중간산물인 덱스트린은 췌장에서 분비된 알파-아밀라아제(pancreatic α-amylase)의 작용에 의해 맥아당(maltose)으로 소화되고, 이는 다시 말타아제(maltase)의 작용에 의해 포도당으로 소화된다. 과일이나 케이크 등에 존재하는 설탕은 수크라아제(sucrase)에 의해 포도당과 과당으로 분해된다. 또한 모유나 우유에 존재하는 젖당은 소장 점막에서 분비되는 락타아제(lactase)에 의해 포도당과 갈락토오스로 분해된다. 이들 단당류(포도당, 과당, 갈락토오스)들은 소장 점막을 통해 흡수된다.

표 4-2 소장에서의 탄수화물 소화과정

분해물	분해효소	분해산물	분해장소
녹말	타액아밀라아제(amylase)	전분덱스트린(dextrin) 맥아당(maltose) 소량	구강
전분덱스트린(dextrin)	췌장아밀라아제(amylase)	맥아당(maltose)	췌장
맥아당(maltose)	말타아제(maltase)	포도당(glucose) 2개	소장 점막
서당(sucrose)	수크라아제(sucrase)	포도당(glucose) 과당(fructose)	
젖당(lactose)	락타아제(lactase)	포도당(glucose) 갈락토오스(galactose)	

4) 대장

탄수화물 중 소화되지 않는 섬유소 등의 복합탄수화물은 그대로 대장으로 이동되고 대장의 세균에 함유되어 있는 효소에 의해 분해되어 포도당을 생성하여 이용하거나 가스 등을 생성한다. 또한 섬유소들 중 불용성 섬유소는 수분을 흡수하여 대장 내의 팽만감을 자극하여 변비를 방지하며, 유익한 균의 식량이 되어 장내 유익한 균의 증식을 도와 장의 건강에도 기여한다.

3. 탄수화물의 흡수

① 단당류로 분해되면 흡수가 일어나는데, 주된 부위는 소장 중 공장으로 이곳에 있는 융모와 미세융모를 통해 소장 벽을 지나 흡수되며 위에서는 흡수되지 않는다.

② 장관에서 흡수된 단당류는 거의 모두 융모의 상피세포의 세포막을 지나 그곳에 있는 모세혈관으로 들어가게 되고, 문맥을 통해 간으로 운반된다. 간에서 과당과 갈락토오스는 모두 포도당으로 전환된다.

그림 4-6 소장에서의 영양소 흡수

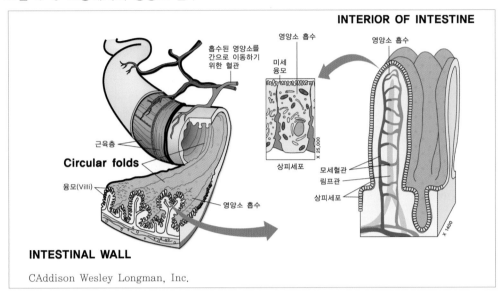

INTERIOR OF INTESTINE

흡수된 영양소를 간으로 이동하기 위한 혈관

영양소 흡수

영양소 흡수

미세 융모

근육층

Circular folds

상피세포

융모(Villi)

영양소 흡수

모세혈관
림프관
상피세포

INTESTINAL WALL

CAddison Wesley Longman, Inc.

4. 탄수화물의 대사

소화 흡수된 단당류가 문맥을 따라 간으로 운반되면 과당(fructose)과 갈락토오스(galactose)는 간에서 효소에 의해 포도당으로 전환되어 대사된다. 따라서 탄수화물 대사는 포도당 대사라고 할 수 있다. 혈당은 포도당이며, 세포는 혈액으로부터 포도당을 받아서 대사에 이용한다.

혈액을 따라 운반되어 온 포도당은 세포 내로 들어온 후 이화대사나 동화대사 과정을 거친다. 이화대사는 포도당을 분해하여 에너지를 생성하는 과정으로 해당과정과 TCA 회로가 있고, 동화대사에서 글리코겐 합성(glycogenesis)과 포도당 신생합성(gluconeogenesis)이 있으며, 그 외 포도당은 오탄당 인산회로, 체지방합성, 콜리 회로 등의 과정을 거친다. 체내에서 포도당의 이용에 대한 간단한 설명은 [그림 4-7~8]과 같다.

그림 4-7 포도당의 이용경로(1)

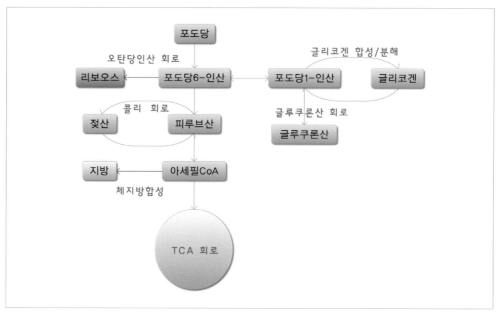

1) 해당과정

포도당 대사의 중심 경로로써, 세포 내 세포질에서 일어나며, 총 10단계의 반응경로가 작용되어 포도당(6탄당)에서 피루브산(3탄당)으로 된다. 세포 내 산소가 충분하면 피루브산은 아세틸 CoA를 거쳐 TCA 회로를 통한 에너지 형성의 단계로 이동되고, 체내 산소가 충분치 않을 경우 피루브산이 젖산으로 전환된다. 즉 산소가 충분할 경우, 포도당은 해당작용을 통하여 2분자의 피루브산과 2ATP를 형성한다.

산소가 충분할 경우, 포도당(6탄당)은 세포 내의 세포질 부위에서 해당작용(glycolysis)의 여러 단계를 거쳐 2분자의 글리세알데히드-3인산(3탄당)을 형성하고 이때 2ATP를 소모한다. 형성된 글리세알데히드-3인산은 4ADP를 소모하여 피루브산을 형성하며 4ATP를 생성한다. 결과적으로 포도당은 2분자의 피루브산(3탄당)과 2ATP를 형성한다. 해당작용에는 여러 단계의 화학적 작용이 일어나는데 그 개략적 모식도는 [그림 4-9]와 같다.

그림 4-8 포도당의 이용경로(2)

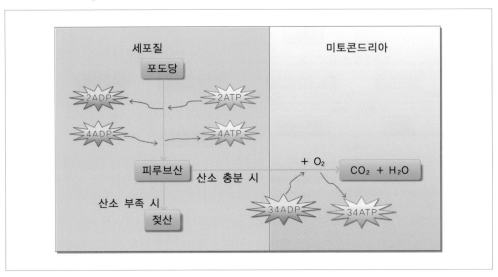

그림 4-9 포도당의 해당 작용경로

2) TCA 회로와 전자전달계

① 해당작용에서 형성된 피루브산(pyruvate)은 미토콘드리아 안으로 들어가 아세틸 CoA(acetyl CoA)로 산화된다.

즉 여기서 생성된 2NADH는 호기적 전자전달계를 거치면서 6ATP를 생성한다.

$$2피루브산(pyruvate) + 2NAD^+ + 2CoA$$
$$\rightarrow 2아세틸 CoA(acetyl\ CoA) + 2NADH + 2CO_2$$

그림 4-10 TCA 회로

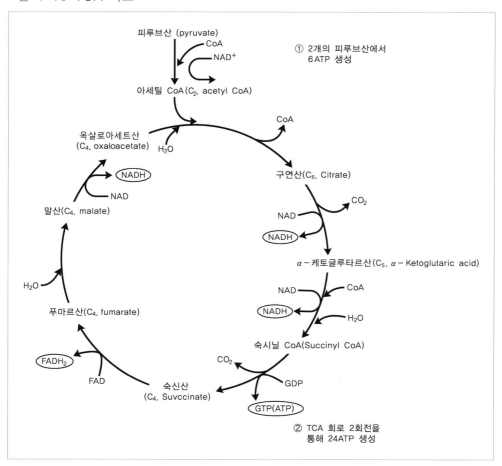

② 1회전의 TCA 회로를 통해 3분자의 NADH, 1분자의 FADH2, 1분자의 GTP, 2분자의 CO_2가 생성되고, 마지막으로 옥살로아세트산(oxaloacetate)이 재생산되어 다시 새로운 아세틸 CoA(acetyl CoA)와 결합하여 구연산(citrate)을 생성함으로써 TCA 회로는 반복된다([그림 4-10]).

이와 같이 포도당 1분자는 해당과정(8ATP), TCA 회로(ⓐ: 6ATP, ⓑ: 24ATP), 전자전달계를 통해 1분자의 CO_2와 H_2O를 완전연소하면서 총 38ATP를 생성한다.

$$C_6H_{12}O_6 + 6O_2 \rightarrow 6CO_2 + 6H_2O + 38ATP$$

3) 글리코겐 합성(Glycogenesis)

에너지를 생성하고 남은 여분의 포도당은 간과 근육에서 글리코겐 합성효소의 도움으로 글리코겐으로 전환되어 저장된다.

4) 포도당 신생합성(Gluconeogenesis)

혈당이 저하되면 간 글리코겐이 분해되거나 간에서 포도당 신생합성 과정이 일어나 혈당을 올린다. 당 이외의 물질인 아미노산, 글리세롤, 피루브산, 젖산 등으로부터 포도당이 합성되는 과정을 포도당 신생합성이라 한다.

5) 오탄당 인산회로

주로 피하조직이나 적혈구, 간, 부신피질, 고환, 유선조직 등에서 활발히 이루어지는 경로이다. 이 과정에서 NADPH가 생성되어 이들 조직에서 지방산과 스테로이드 호르몬 합성에 이용되고 또한 리보오스가 생성되어 핵산합성에 이용된다.

6) 체지방 합성과정

글리코겐 저장량이 포화되면 여분의 포도당은 피루브산을 거쳐 아세틸 CoA가 된 후, 아세틸 CoA를 통해 지방산을 합성하고 해당과정 중간경로를 통해 글리세롤을 합성한다. 글리세롤 1분자와 지방산 3분자가 연결되어 중성지방이 합성된 후 피하나 복강 등 체지방조직에 저장된다.

7) 글루쿠론산 회로(Glucuronic Acid Cycle)

포도당으로부터 글루쿠론산을 생성하는 과정으로 글루쿠론산은 간에서 여러 독성 물질의 해독과정에 관여한다.

> 포도당 + 포도당 6-인산(glucose 6-phosphate)
>
> → 포도당 1-인산(glucose 1-phosphate) → 글루쿠론산

5. 탄수화물의 기능

1) 에너지 생성

섭취한 대부분의 탄수화물은 포도당으로 전환되어 대사에 이용된다. 탄수화물은 1g당 4kcal의 에너지를 공급하며 하루에 섭취하는 에너지의 60~70% 정도를 차지한다. 신체에서 적혈구, 뇌세포 및 신경세포는 주로 포도당을 에너지원으로 이용한다. 근육 등 다른 세포에서도 식사 후에는 포도당을 사용하여 에너지를 얻는다.

2) 체단백질 보호

적절한 양의 탄수화물 섭취는 몸에 있는 체단백질을 보호한다. 포도당만을 이용하는 세포에 에너지를 제공하고자 할 때, 탄수화물 섭취가 부족하면 단백질로부터 포도당을 합성한다. 따라서 탄수화물을 매우 적게 섭취하거나 굶으면 근육이나 간, 신장, 심장 등 여러 기관에 있는 단백질이 분해되어 포도당 합성에 쓰게 된다. 특히 체중조절을 위해 굶을 경우, 체단백질이 급격히 손실된다.

3) 지방의 불완전산화 방지

체내에서 지방질이 산화되어 에너지를 낼 때에도 탄수화물이 꼭 필요하다. 만일, 탄수화물을 아주 적게 섭취한다면, 지방이 분해될 때 완전히 산화되지 못하고 케톤체(ketone body)가 만들어지는데, 이들이 혈액과 조직에 많이 축적되는 것이 케톤증(ketosis)이다. 케톤증을 방지하기 위해서는 하루에 50~100g의 탄수화물 섭취가 필요하며 이는 밥 한 공기 반 정도에 해당한다. 여기서 케톤증은 조절되지 않는 당뇨병이나 황제 다이어트(고단백, 고지방, 저탄수화물)를 하는 경우 생기는데, 다음과 같은 부작용이 생기므로 소아나 임신부의 경우에 특히 주의해야 한다.

- 케톤체가 많이 생성되면, 숨쉴 때마다 아세톤 냄새가 난다.
- 케톤체를 몸 밖으로 배설하기 위하여 소변량이 많아지며 탈수되기 쉽다.
- 식욕이 떨어지고 속이 메스꺼우며 머리가 아프고 쉽게 피로해진다.
- 치료하지 않는 경우 뇌에 치명적인 손상을 입히고, 심지어 사망의 우려도 있다.

6. 탄수화물과 건강

1) 당뇨병(Diabetes mellitus)

당뇨병은 고혈당과 소변에 당이 나타나는 만성 대사질환이다. 췌장에서 분비되는 혈당조절 호르몬인 인슐린(insulin)의 분비가 감소(제1형 당뇨병, 인슐린 의존성 당뇨병)되었거나, 우리 몸에서 인슐린의 작용에 문제가 생겼을 때(제2형 당뇨병, 인슐린 비의존성 당뇨병) 나타난다. 혈 중 인슐린이 부족하거나 또는 정상량의 인슐린이 있음에도, 혈액 중에 존재하는 포도당이 조직 속으로 들어가지 못해 영양소 대사의 장애가 나타나게 되는 것이다.

인슐린은 식후에 혈당치가 오르면 췌장에서 즉시 분비되어, 혈액에 높아진 혈당을 간과 근육세포, 지방세포 안으로 이동시켜 간과 근육에서 글리코겐 합성을 촉진하거나 지방으로 전환하여 혈당치를 낮추는 기능을 한다. 반면에 글루카곤(glucagon)은 공복 시와 같이 혈당치가 떨어질 때 췌장에서 분비되어 간 글리코겐 분해를 촉진하여 혈중으로 포도당이 방출되도록 함으로써 혈당치를 올린다.

표 4-3 당뇨병의 종류와 특성

특성	제1형 당뇨병	제2형 당뇨병
발생연령	일반적으로 40세 이전에 발생	일반적으로 40세 이후에 발생
체중	마른 체격이나 정상	과체중 경우
증상	갑자기 나타남	증상이 없거나 서서히 나타남
인슐린 분비	분비되지 않음	소량 분비
인슐린 치료	반드시 필요	경우에 따라 필요
발병 비율	전체 당뇨병의 10%	전체 당뇨병의 90%

자료: 임상영양학(장유경 외, 2007)

2) 락토오스 불내증(Lactose intolerance)

락토오스 불내증은 젖당 분해효소인 락타아제(lactase)의 부족으로 인해 발생한다. 따라서 소장에서 젖당은 포도당과 갈락토오스로 분해되지 못하므로, 체내로 흡수되지 않고 그대로 대장으로 가서 박테리아에 의해 발효되면서 산의 생성과 함께 가스를 생성한다. 증상으로 배에 가스가 차거나 헛배가 부르며, 소리가 나고, 복통과 설사 등이 나타난다. 우유를 마실 때마다 설사하는 경우에는 원칙적으로 우유와 유제품의 섭취를 제한해야 한다. 그러나 우유는 칼슘(Ca), 비타민 B_1, 마그네슘(Mg) 등 여러 영양소가 많이 들어 있는 우수한 식품이므로 우유 대신 요구르트 등의 유제품으로 대치하면, 젖당은 존재하지 않으며 다른 영양소들은 그대로 함유하므로 영양섭취에 효과적으로 작용될 수 있다.

제**5**장

지질

지질

물에는 녹지 않고 유기용매에 녹는 물질을 지질이라 하며, 상온에서 고체형태인 지방(fat)과 액체형태인 기름(oil)이 있다. 최근 식생활이 서구화되면서 비만, 암, 동맥경화증 등의 만성퇴행성 질환이 증가하고 있고 이는 지방의 섭취 증가와 관련이 있다. 따라서 지질 섭취량을 적절히 하고 섭취하는 지질의 종류에도 관심을 가져야 한다.

1. 지질의 종류

1) 중성지질(Triglycerides, TG)

자연계에서 지방산은 유리된 상태로 존재하는 경우는 매우 드물고 대부분 글리세롤과 에스테르결합을 하고 있다. 중성지질은 한 분자의 글리세롤에 세 분자의 지방산이 결합하여 만들어진 지방으로 자연계에 존재하는 식품이나 생체를 구성하는 지방산의 95%는 중성지방의 형태로 존재한다. 두 개의 지방산이 결합된 것은 디글리세리드(Diglyceride, DG), 한 개의 지방산이 결합된 것은 모노글리세리드(Monoglyceride, MG)라고 한다([그림 5-1]).

그림 5-1 중성지질, 모노글리세리드, 디글리세리드의 구조

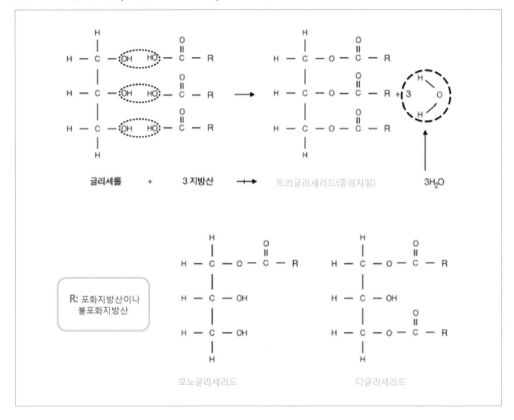

2) 지방산(Fatty acid)

지방산은 중성지방의 구성성분으로서 한쪽 끝은 카르복시기(carboxyl group, −COOH), 다른 쪽 끝은 메틸기(methyl group, −CH₃), 가운데 부분은 긴 탄소사슬에 수소들이 결합되어 있는 탄화수소로 구성된다.

일반적인 화학구조식은 $CH_3(CH_2)_nCOOH$로서 R−COOH로 표시하기도 하며 R−CO 를 아실기(acyl group)라고 한다. 자연계에 존재하는 지방산은 탄소수가 4~22개의 짝수이며, 탄소수와 탄소사슬 안의 결합방식 및 모양에 따라 그 종류가 다양하다.

표 5-1 지방산의 종류

분류	지방산명	기호	급원식품
포화	Butyric acid	4 : 0	버터
	Caproic acid	6 : 0	버터, 코코넛유
	Caprylic acid	8 : 0	코코넛유, 팜유, 버터
	Capric acid	10 : 0	
	Lauric acid	12 : 0	코코넛유, 월계수종실유
	Myristic acid	14 : 0	코코넛유, 버터
	Palmitic acid	16 : 0	대부분의 동물성 유지
	Stearic acid	18 : 0	대부분의 동물성 유지
단일불포화	Oleic acid	18 : 1(ω9)	올리브유
다중불포화	Linoleic acid	18 : 2,$\varDelta$9,12(ω6)	대부분의 식물성 유지
	α-linolenic acid	18 : 3,$\varDelta$9,12,15(ω3)	들기름, 콩기름, 카놀라유
	Arachidonic acid	20 : 4,$\varDelta$5,8,11,14(ω6)	육류, 난황
	EPA*	20 : 5,$\varDelta$5,8,11,14,17(ω3)	어유, 등 푸른 생선
	DHA*	22 : 6,$\varDelta$4,7,10,13,16,19(ω3)	어유, 등 푸른 생선

주: * EPA: Eicosapentaenoic acid, DHA: Docosahexaenoic acid

(1) 탄소수

지방산은 탄소수에 따라 짧은사슬 지방산(short-chain fatty acid; SCT, 탄소수 4~6개), 중간사슬 지방산(medium-chain fatty acid; MCT, 탄소수 8~10개), 긴사슬 지방산(long-chain fatty acid; LCT, 탄소수 12개 이상)으로 나뉜다. 탄소수가 많을수록 지방산의 사슬길이가 길어지고 물에 쉽게 용해되지 않으며 녹는점이 높다. 식품에 함유되어 있는 지방산의 대부분은 긴사슬 지방산이며 생체 내 지방산도 12~22개의 탄소수를 갖는다.

(2) 이중결합의 수

탄소는 원자가가 4로서 이웃하는 원자 4개와 결합할 수 있다. 지방산 말단의 카르복시기(-COOH)와 메틸기(-CH$_3$)의 탄소를 제외한 가운데 부분, 즉 사슬 내의 탄소가 인접 탄소 2개 및 수소 2개와 결합하고 있으며 포화되었다고 하고, 인접 탄소들이 수소 원자 한 개씩을 잃어버리고 이중결합을 형성하고 있으면 불포화되었다고 한다.

① 포화지방산(Saturated fatty acid)

탄소와 탄소 사이에 이중결합 없이 단일결합(-C-C-)으로만 되어 있는 지방산을 포화지방산(saturated fatty acid)이라고 한다. 이런 지방산을 많이 가지고 있는 지방은 녹는점이 높아 실온에서 고체이다. 대부분의 동물성 지방이 포화지방산을 많이 함유하며 소고기나 돼지고기의 하얀 기름 부분이 좋은 예이다.

② 불포화지방산(Unsaturated fatty acid)

불포화지방산은 이중결합의 수에 따라 단일 불포화지방산과 다가 불포화지방산으로 나눈다. 단일 불포화지방산은 1개의 이중결합을 갖는데, 올리브유에 많이 있는 올레산이 가장 대표적이며, 체내 합성이 가능하다. 2개 이상의 이중결합을 갖는 경우 다가 불포화지방산이라 하는데, 이중결합수가 많을수록 융점이 낮고 상온에서 액체 상태로 존재한다([그림 5-2]). 리놀레산은 대표적인 불포화지방산으로 옥수수기름, 콩기름, 홍화기름, 참기름 등에 많이 존재한다. 지방산에 존재하는 이중결합의 위치에 따라 지방산의 대사가 달라진다.

첫 이중결합의 위치가 메틸기로부터 세 번째 탄소에 있는 지방산을 오메가-3지방산이라 하고, 여섯 번째 탄소에 있는 경우를 오메가-6지방산이라고 한다. a-리놀렌산은 오메가-3계이고, 리놀레산은 오메가-6계 지방산이다.

바람직한 w-6/w-3비는 모유의 조성을 근거로 하여 4 : 1에서 10 : 1의 범위가 되도록 권장하고 있다.

그림 5-2 지방산의 구조

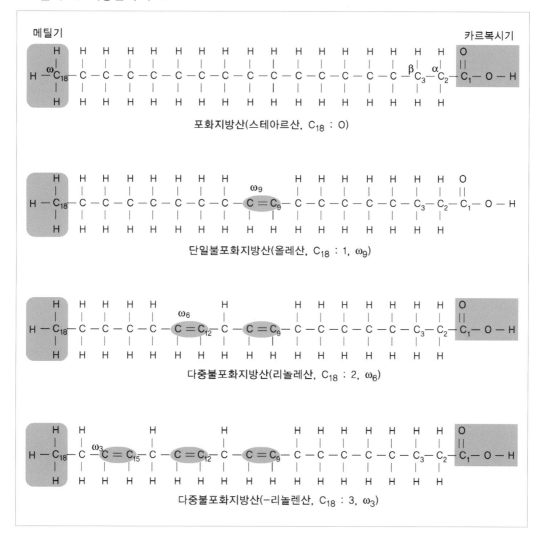

포화지방산(스테아르산, C_{18} : 0)

단일불포화지방산(올레산, C_{18} : 1, ω_9)

다중불포화지방산(리놀레산, C_{18} : 2, ω_6)

다중불포화지방산(-리놀렌산, C_{18} : 3, ω_3)

(3) 시스(Cis), 트랜스(Trans)형

불포화지방산의 경우 이중결합을 중심으로 좌우 탄소사슬의 모양에 따라 시스형과 트랜스형으로 나뉜다([그림 5-3]). 시스는 같은 방향(same side)이나 서로가 인접함(near each other)을 뜻하고, 트랜스는 가로지르는(across) 또는 반대의(opposite)라는 뜻이다.

그림 5-3 시스, 트랜스 지방산의 사슬모양

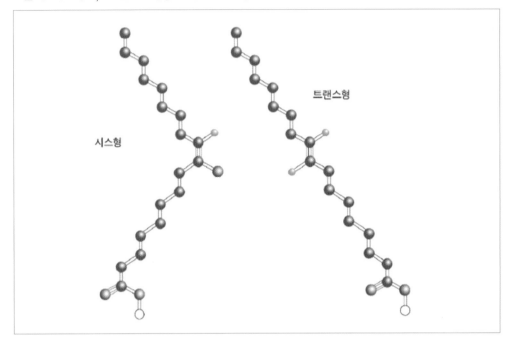

시스형

트랜스형

 ■ 트랜스지방산의 개요

　트랜스지방산은 자연계에는 거의 존재하지 않는 지방산이다. 트랜스는 사물의 성질이나 위치가 바뀌거나 엇갈려 있는 상태를 표현하는 접두어로 트랜스지방산은 정상적인 지방산이 외부의 충격으로 분자구조가 비정상적으로 뒤틀린 것이며, 대표적인 것이 경화유이다.

　경화유가 생겨나게 된 것은 불포화지방산이 함유된 오일들의 경우 상온에서 액체상태이므로 대량 생산해서 가공식품의 원료로 사용하기에는 불편함이 많았다. 따라서 고체상태라면 보관과 운반이 편리하므로 불포화지방산을 포화지방산으로 바꾸기 위해 불포화지방산에 수소를 강제로 첨가해 굳힌 마가린과 쇼트닝이 등장하게 되었다. 이렇게 만들어진 기름을 통칭해 '경화유'라고 부른다.

　고온에서 가열되거나 외부 충격을 받아 만들어진 트랜스지방산의 문제는 배설되지 않는다는 것이며 더 큰 문제는 이들이 필수지방산의 자리를 빼앗아

버린다는 것이다. 또 뇌를 비롯한 몸 전체의 세포막과 호르몬, 각종 효소 등 생체기능 조절물질의 구조를 왜곡한다는 것이다.

우리 몸의 세포는 세포막을 통해 영양분을 받아들이고 노폐물을 배출한다. 또 생체활동에 필요한 물질을 받아들이고 유해한 병원균을 차단한다. 이는 세포막의 '선택적 투과'로 인해 이루어진다. 세포막의 주요 구성성분은 필수지방산인데 트랜스지방산은 교묘하게 위장하고 있어 우리 몸은 필수지방산과 트랜스지방산을 잘 구별하지 못하므로 세포막 구성성분이 필수지방산에서 트랜스지방산으로 바뀌게 된다.

자연 형태의 시스지방산은 굽은 편자 모양으로 정교한 선택적 투과기능에 적합한 모양이다. 하지만 트랜스지방산은 곧은 막대기 모양을 하고 있어 선택적 투과기능을 제대로 수행하기 어려운 형태이다([그림 5-4]). 이로 인해 영양소는 쉽게 흘러 소실되고 바이러스 같은 병원균을 쉽게 받아들이게 된다. 즉 자동 조절력이 소실되어 면역력이 저하되는 것이다.

뇌의 경우, 뇌세포의 세포막이 트랜스지방산으로 이루어진다면 두뇌활동과 뇌기능 저하로 이어지게 되어 성인은 만성피로증후군, 어린이들은 과잉행동증후군의 원인이 된다. 영국의 의학회지 「랜싯」은 트랜스지방산 섭취를 2% 늘리면 심장병 발생 위험이 28%, 당뇨병 발생률은 39% 증가한다고 발표했다.

압착식으로 제조되는 올리브유와 정제유인 식용유의 트랜스지방산 함량을 살펴보면 올리브유의 경우 참기름·들기름과 같이 큰 압착기로 눌러 짜는 방식이므로 트랜스지방산이 거의 생성되지 않는다. 또한 올리브유는 단일불포화지방산을 많이 함유하고 있으므로 다중불포화지방산이 많은 오일에 비해 조리 시 165℃를 유지하면서 가열하면 트랜스지방산이 거의 검출되지 않는다. 오히려 가열보다는 상온에서 뚜껑을 열어두거나 햇빛에 노출되면 트랜스지방산으로 변형될 수 있으므로 보관상태가 더욱 중요하다. 대량 생산되는 식용유의 생산과정은 깨끗한 정제과정에 필요한 석유계 유독성 용제의 사용과 높은 온도의 탈취공정으로 인해 트랜스지방산이 생성된다. 캐나다 제유회사 오메가뉴트리션사는 43℃를 넘지 않는 저온 압착식으로 오일을 생산하여 곧바로 산소를 차단하는 불활성가스를 채운 용기에 넣어 포장한다. 이러한 생산방식이 대량생산하는 식용유 제조공정의 대안이 될 것으로 생각된다.

그림 5-4 트랜스지방산, 시스지방산의 세포막 구성형태

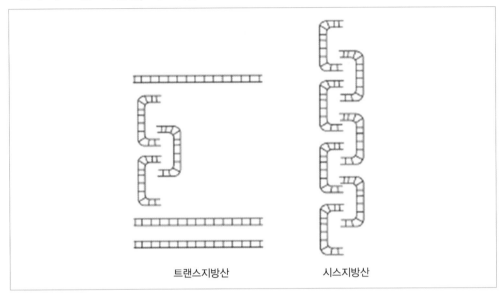

트랜스지방산　　　　　시스지방산

자료: 과자, 내 아이를 해치는 달콤한 유혹(안병수, 2005)

3) 인지질(Phospholipid)

인지질은 중성지질과 유사한 구조를 갖고 있으나 글리세롤에 지방산뿐만 아니라 인산이 결합되며 여기에 염기가 연결되어 있다. 인지질은 염기에 따라 각각 포스파티딜글리세린(phosphatidyl glycerine), 포스파티딜에탄올아민(phosphatidyl ethanolamine), 포스파티딜콜린(phosphatidyl choline (lecithin)), 포스파티딜이노시톨(phosphatidyl inositol) 등으로 불린다.

인지질은 글리세롤의 3개의 수산기(OH) 중 한 개의 수산기에 인산기(PO_4)가 결합되어 있고, 나머지 두 개의 수산기에는 지방산이 결합되어 있는 형태이다. 친수성(hydrophilic) 부분인 인산기와 소수성(hydrophobic) 부분인 지방산을 함께 갖고 있기에 신체 내에서 또는 식품가공 시 중요한 유화제의 역할을 한다. 레시틴은 분자 중에 비타민 유사체인 콜린(choline)이라는 질소 함유 물질을 포함하고 있으며 콩 및 세포막에 많이 함유되어 있다.

4) 콜레스테롤(Cholesterol)

콜레스테롤은 식물조직에서는 발견되지 않고 동물조직에서 널리 발견되며 특히 뇌, 신경조직에 높은 농도로 존재한다. 체내에 존재하는 콜레스테롤은 우리가 섭취하는 동물성 식품에서 얻거나 간과 소장에서 합성된다. 콜레스테롤은 에스트로겐과 테스토스테론과 같은 호르몬의 구성성분이며, 지질의 소화와 흡수에 필요한 담즙산을 구성하고, 비타민 D를 합성하는 중요한 역할을 한다.

콜레스테롤은 동물 체내에서만 만들어지므로 급원식품은 모두 동물성 식품이며 간, 달걀노른자, 버터, 육류, 새우와 오징어 등에 특히 많이 들어 있다. 정상인의 경우 일정 한도 내에서는 식이 콜레스테롤의 흡수와 체내 합성이 상호 조절되어 혈장 내 콜레스테롤 농도를 일정하게 유지한다. 그러므로 혈액 내 콜레스테롤의 양을 감소시키기 위해 극단적으로 콜레스테롤 함유식품의 섭취를 제한하는 것은 크게 도움이 되지 않는다. 우리나라 사람들의 정상 식사에 함유된 콜레스테롤의 양은 1일 200~300mg 정도인데, 이 정도의 섭취는 정상인의 경우 크게 문제되지 않는다.

그림 5-5 콜레스테롤의 구조

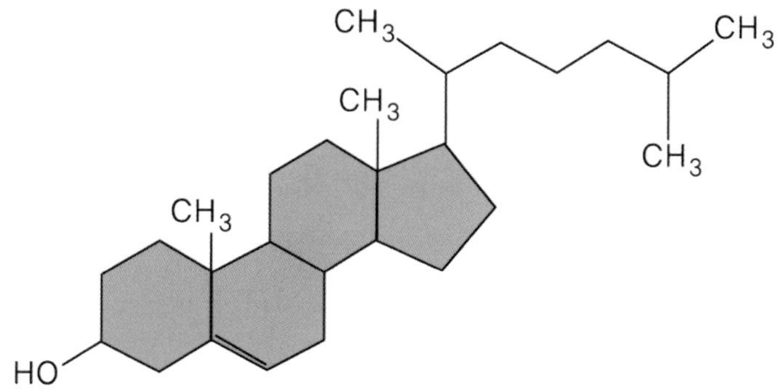

2. 지질의 소화

1) 구강, 위에서의 소화

설선(혀밑샘)에서 분비되는 지질 분해효소인 리파아제(lipase)는 디글리세리드(diglycerides)와 지방산을 생성한다. 그러나 음식물이 입 안에 머무는 시간은 짧기 때문에 입 안에서는 소량만 소화되고 대부분 트리글리세리드(triglycerides) 형태로 넘어간다.

2) 소장에서의 소화

위의 산성 유미즙이 십이지장에 도달하면 세크레틴(secretin)이라는 호르몬이 분비된다. 세크레틴은 췌장을 자극하여 췌액 중 알칼리(탄산수소나트륨, $NaHCO_3$) 분비를 촉진하고 유미즙을 중화함으로써 십이지장 벽을 산으로부터 보호하며 췌장 소화효소들이 작용하기에 적당한 약알칼리성 환경을 만든다.

또한 유미즙이 십이지장에 도달하면 콜레시스토키닌(cholecystokinin)이라는 호르몬이 분비되는데, 이 호르몬은 담낭을 수축하여 담즙 분비를 촉진하고 췌장을 자극하여 췌장 리파아제의 분비를 촉진함으로써 지질은 본격적으로 소화되기 시작한다.

① 짧은사슬, 중간사슬 지방: 소장 점막에 있는 리파아제에 의해 글리세롤과 유리지방산으로 쉽게 가수분해된다.

② 긴사슬 지방: 수용성의 유미즙에 잘 섞이지 않고 덩어리를 이루므로 담즙산과 유화제인 레시틴(lecithin)이 지방덩어리를 소량씩 떼어내어 감쌈으로써 여러 개의 미세입자로 나눌 수 있고, 이런 상태가 되어야 비로소 췌장 리파아제에 의해 분해되어 유리지방산과 모노글리세리드가 된다.

3. 지질의 흡수

① 사슬이 짧거나 중간인 지방산(탄소수 12개 미만): 이들은 수용성이므로 수용성인 글리세롤과 함께 대부분 융털 안의 모세혈관으로 들어와 문맥을 지나 간으로 간다.

그림 5-6 긴사슬 지방의 흡수

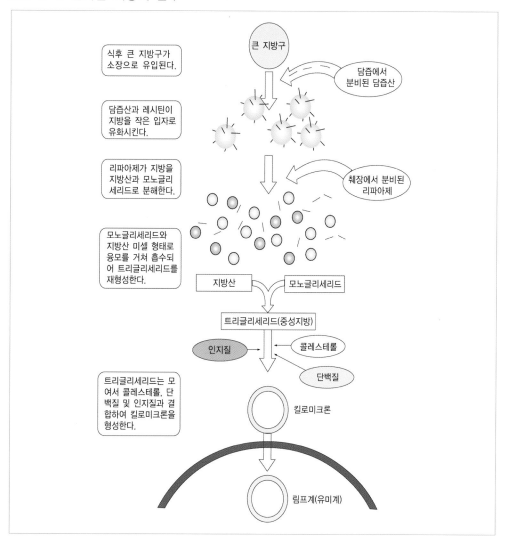

자료: 생활 속의 영양학(김미경 외, 2005)

② 사슬이 긴 지방산(탄소수 12개 이상): 대부분의 모노글리세리드는 소장 점막 세포 내에서 사슬이 긴 지방산과 다시 결합하여 중성지방(트리글리세리드)을 합성한다([그림 5-6]).

4. 지질의 운반

1) 지단백(Lipoprotein)의 종류와 특성

지질은 수용성이 아니므로 지단백(lipoprotein) 형태로 혈액을 이동한다. 지단백의 표면은 물에 녹는 유화제의 역할을 하는 인지질과 아포단백질이라는 단백질로 둘러싸여 있으며, 내부는 중성지질, 콜레스테롤, 콜레스테롤 에스테르(cholesterol ester)로 구성되어 있다([그림 5-7]).

그림 5-7 지단백의 구조

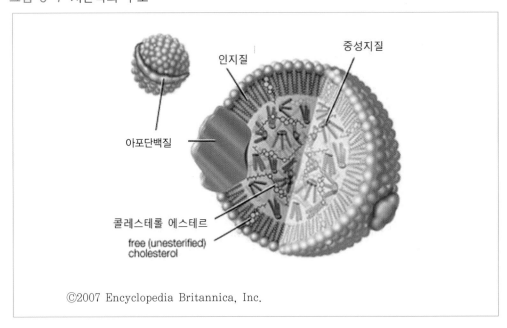

©2007 Encyclopedia Britannica, Inc.

혈액 내에는 여러 종류의 지단백이 있는데, 지단백의 중성지질 함량이 감소하고 인지질과 아포단백질의 함량이 증가할수록 밀도(density)가 커지고, 밀도가 커질수록 입자의 크기는 작아진다. 입자의 밀도에 따라 킬로미크론(chylomicron), 초저밀도 지단백(Very Low Density Lipoprotein; VLDL), 저밀도 지단백(Low Density Lipoprotein; LDL) 및 고밀도 지단백(High Density Lipoprotein; HDL)으로 분류된다.

2) 지단백의 이동경로

지단백의 이동경로는 <표 5-2>와 같다.

표 5-2 지단백의 이동경로

	킬로미크론 (chylomicron)	VLDL	LDL	HDL
주된 생성 장소	소장	간	혈중	간
운반경로	혈류 → 근육, 지방조직 → 간	간 → 혈중 → 근육, 지방조직 저장	지방조직 → 간, 말초조직	간, 말초조직 → 간
합성경로	중성지질(식사성)과 흡수된 지방산이 중성지질을 재합성하여 1% 단백질과 결합하여 합성	간에서 잔존 킬로미크론과 포화지방산, 콜레스테롤 및 인지질로부터 생성	중성지방이 제거된 VLDL에 콜레스테롤이 첨가되어 생성	간으로 이동된 콜레스테롤과 인지질에 의해 생성
사용경로	조직세포에서 에너지원 사용. 잉여분은 지방조직에 저장. 잔존 킬로미크론은 간으로 운반	지단백 분해효소에 의해 분해되어 중성지질은 근육, 지방조직에서 에너지원으로 사용. 나머지는 지방조직으로 저장	세포막에 있는 수용체를 통해 콜레스테롤을 간, 말초조직으로 이동하여 이용	간과 간 이외의 조직에서 이용되고 남은 콜레스테롤을 다시 간으로 운반하여 처리

■ LDL 콜레스테롤과 HDL 콜레스테롤

여러 종류의 지단백 중 콜레스테롤 함량이 가장 높은 저밀도 지단백(LDL)은 세포막에 있는 수용체를 통하여 세포 내로 들어가 콜레스테롤을 세포 내로 운반하는 역할을 한다. 평소의 식사 중에 콜레스테롤 섭취가 너무 많은 경우 이미 세포 내의 콜레스테롤 농도가 높아서 더 이상 저밀도 지단백이 세포 내로 흡수되지 않아 저밀도 지단백은 혈액에 머무르게 되므로 혈중 저밀도 지단백 농도가 높아진다. 저밀도 치단백 콜레스테롤은 혈관계를 순환하다가 말초혈관 내부 벽에 플라크를 형성하게 되어 동맥경화를 일으키는 원인이 되므로 혈액의 높은 저밀도 지단백 콜레스테롤 농도는 심혈관질환의 주요 위험인자로 인식되고 있다. 반면에 고밀도 지단백은 세포 및 말초혈관에 쌓여 있는 콜레스테롤을 간으로 가져가 분해시키는 역할을 하므로 혈액의 높은 고밀도 지단백 콜레스테롤 농도는 심혈관질환의 억제인자로 인식되고 있다.

5. 지질의 대사

1) 지질분해

중성지질이 리파아제(lipase)에 의해 글리세롤과 지방산으로 분해되어 에너지원으로 이용된다. 에너지의 주된 공급원인 지방산은 혈중 알부민(albumin)과 결합하여 각 조직의 세포 내로 운반되어 산화된다.

(1) 글리세롤의 산화

세포질에서 해당과정 중간경로로 들어가 에너지원으로 대사되거나 포도당 합성의 전구체로 쓰인다.

(2) 지방산의 β-산화

지방산의 산화에는 산소가 필요하므로 미토콘드리아에서 이루어지며 그 과정은

[그림 5-8]과 같다. 지방산은 미토콘드리아의 내부에서 CoA와 결합하여 지방산-CoA의 상태로 활성화된다. 활성화된 지방산은 β-산화(β-oxidation)과정을 거치면서 여러 개의 아세틸 CoA(탄소 2개 단위)를 생성한다. 여러 개의 아세틸 CoA는 미토콘드리아 내부의 TCA 회로를 여러 번 거치면서 다량의 ATP를 생성한다. 예를 들면, 팔미트산(탄소 16개)은 β-산화 과정을 거치면서 8개의 아세틸 CoA를 생성하여 TCA 회로로 들어가 에너지 생성(총 129 ATP)에 이용된다.

그림 5-8 지방산의 β-산화

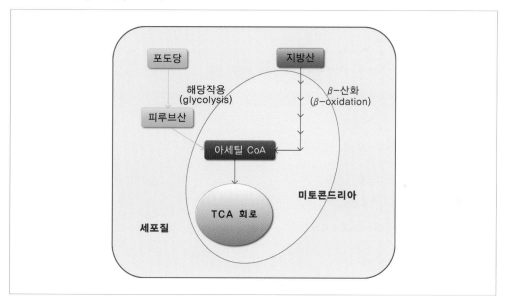

2) 지질합성

에너지원으로 이용하고도 남을 정도로 고탄수화물 식품을 섭취했거나 과식을 한 경우에는 혈당이 에너지를 생성하는 TCA 회로로 들어가지 않고 미토콘드리아에서 피루브산(pyruvate)은 시트르산(citrate)으로 전환된 후, 세포질로 이동하여 말로닌-CoA를 형성하고 이는 아세틸 CoA와 FASN 및 NADPH와의 작용들을 통하여 지방산으로 합성된다. 합성된 지방산은 간과 지방조직에서 중성지방 형태로 저장된다.

(1) 지방산의 생합성

세포질에서 일어나며 탄소 2개의 아세틸 CoA에 탄소 1개가 첨가되어 탄소 3개의 말로닐(malonyl) CoA를 생성한다. 다시 탄소 2개의 아세틸 CoA와 탄소 3개의 말로닐

그림 5-9 지방산의 생합성 과정

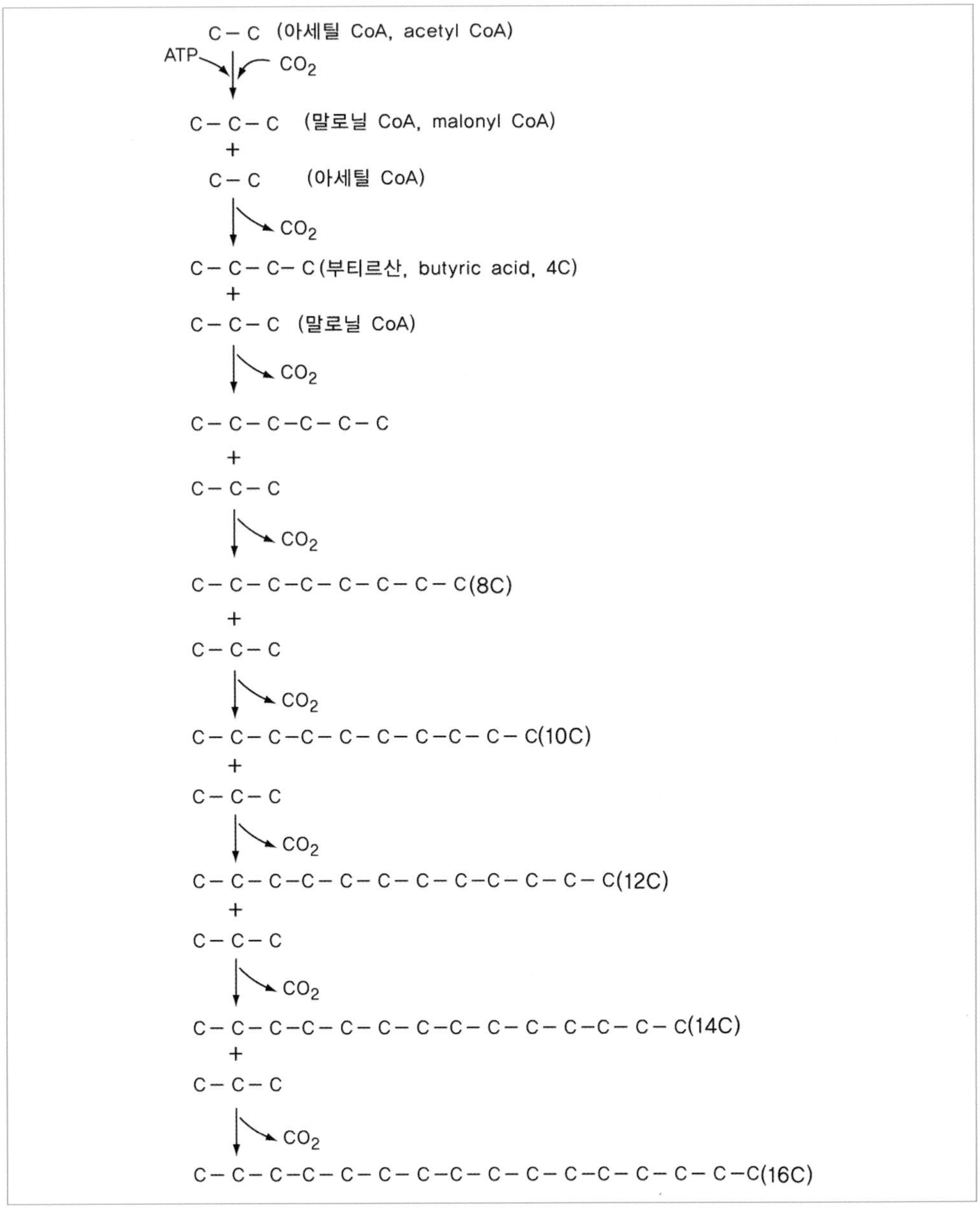

CoA가 결합하면서 탄소 1개를 CO_2로 제거하고 탄소 4개의 부티르산(butyric acid)이 합성된다. 부티르산에 말로닐 CoA(탄소 3개)가 다시 결합하면서 CO_2 하나가 제거(탄소 1개 제거)되어 탄소 2개가 붙게 되는 과정이 반복되면서 탄소가 2개씩 증가한다 ([그림 5-9]).

(2) 글리세롤과의 결합

지방산 생합성 과정을 거쳐 합성된 지방산은 해당과정의 중간산물인 3탄당 중 하나인 글리세롤 3-인산(glycerol 3-phosphate)과 결합하여 중성지방을 합성한다.

6. 지질의 기능

1) 중성지질

(1) 필수지방산의 공급

필수지방산이란 신체를 정상적으로 성장시키고 유지시키며 체내의 여러 생리적 과정을 수행하는 데 꼭 필요한 성분이다. 그러나 체내에서 합성되지 않거나 합성되는 양이 매우 적어 식품을 통해 섭취되어야 한다. ω6계 지방산인 리놀레산(linoleic acid), 아라키돈산(arachidonic acid), ω3계 지방산인 리놀렌산(linolenic acid)이 필수지방산이다.

(2) 농축된 에너지원

탄수화물이나 단백질이 1g당 4kcal를 공급하는 것에 비해 지방은 1g당 9kcal를 공급한다.

(3) 지용성 비타민의 흡수 촉진

지용성 비타민은 지질에 녹아 있는 상태로 소화·흡수되므로 지방의 섭취가 적어지면 흡수율이 저하된다. 따라서 소장에서 지방 흡수의 장애가 생기면 지용성 비타민의 영양상태도 나빠진다.

2) 인지질(Phospholipid)

인지질은 콜레스테롤과 함께 세포막과 신경조직의 주요 구성성분이 된다. 세포막은 인지질의 이중층으로 이루어지고 콜레스테롤은 인지질 이중층 사이의 중간중간에 존재하여 세포막의 유동성을 유지하는데 기여한다.

3) 콜레스테롤

(1) 세포막 구성성분

인지질과 함께 세포막의 성분이 된다. 특히 간, 신장, 뇌, 신경조직에는 콜레스테롤이 다량 함유되므로 유아, 소아에게 필수적이다.

(2) 담즙산 합성

지질의 소화와 흡수에 필요한 담즙산을 합성한다.

(3) 스테로이드 호르몬 합성

여성 호르몬인 에스트로겐(estrogen), 남성호르몬인 테스토스테론(testosterone) 및 글루코코르티코이드(glucocorticoid)의 구성성분이다.

(4) 비타민 D 전구체 합성

7-데히드로콜레스테롤(7-dehydrocholesterol)을 합성하여 칼슘의 흡수를 돕는다.

제**6**장

단백질

단백질

단백질은 생명 유지에 필수적인 영양소로서, 효소, 호르몬, 항체 등의 주요 생체기능을 수행하고 근육 등의 체조직을 구성한다. 단백질은 살아 있는 수많은 세포에서 수분 다음으로 풍부하게 존재하므로 식이를 통해 체내에서 필요한 단백질을 규칙적으로 공급해 주는 일은 건강유지에 필수적이다. 분자량이 수천에서 수백만에 이르는 거대분자인 단백질은, 식이섭취 후 소화과정을 거쳐 구성단위인 아미노산으로 분해된 후 흡수되어 체내에서 이용된다.

1. 단백질의 정의

단백질의 구성단위인 아미노산들은 강한 공유결합인 펩티드결합으로 연결되어 있으며 최소한 100여 개의 아미노산으로 구성되어 있다. 즉 단백질은 수많은 아미노산(amino acid)의 연결체이며 다른 영양소에 비해 매우 큰 분자이다. 아미노산은 탄소, 수소, 산소, 질소로 구성되며, 일부 아미노산은 황을 함유하고 있다. 단백질은 질소를 가지고 있는 것 외에도 분자 구조의 변화가 매우 많고 복잡한 것이 특징이다. 천연에 총 20개의 L-아미노산들이 식이 및 조직 단백질을 구성한다. Protein은 그리스어의 proteios(중요한 것)에서 유래된 것이다. 단백질은 생물체의 몸의 구성성분으로서,

또 세포 내의 각종 화학반응의 촉매역할을 담당하는 물질로서, 그리고 항체(抗體)를 형성하여 면역(免疫)을 담당하는 물질로서 대단히 중요한 유기물이다.

2. 아미노산의 구조

　단백질에서 볼 수 있는 20종류의 아미노산은 모두 같은 탄소원자에 결합되어 있는 1개의 카르복시기(carboxyl group, −COOH)와 1개의 아미노기(amino group, −NH₂), 그리고 수소와 R기(R group)를 가지고 있다. R기는 단순히 수소일 수도 있고(glycine의 경우) 또는 복잡한 화학구조일 경우도 있으며, 아미노산의 특유한 화학적 특성을 나타내는 곁가지인 R 부분이 아미노산의 형태와 이름을 결정한다([그림 6-1]).

　아미노산은 체내 합성 여부에 따라 필수아미노산과 비필수아미노산으로 분류된다. 필수아미노산은 체내에서 합성되지 않거나 충분한 양이 합성되지 않으므로 식사를 통해 반드시 섭취해야 하는 아미노산이다. 종류로는 히스티딘(histidine), 이소류신(isoleucine), 류신(leucine), 리신(lysine), 페닐알라닌(phenylalanine), 메티오닌(methionine), 트레오닌(threonine), 트립토판(tryptophane), 발린(valine)이 있다.

그림 6-1 아미노산의 구조

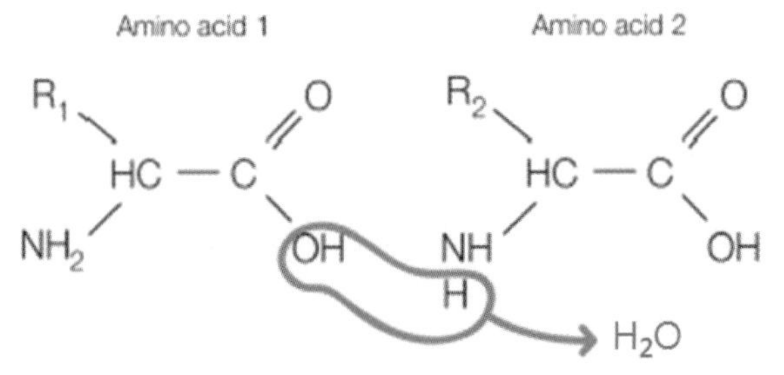

3. 단백질의 구조와 변성

1) 펩티드 결합(Peptide bond)

아미노산은 펩티드결합에 의해 단백질을 구성한다. 펩티드결합이란 한 아미노산의 카르복시기와 다른 아미노산의 아미노기가 물 한 분자를 내놓으면서 결합된 것을 말한다([그림 6-2]). 대부분의 단백질은 적어도 500개 이상, 수백, 수천 개의 아미노산으로 구성되어 있으므로 폴리펩티드(polypeptide)라고 부른다. 펩티드 결합은 소화되는 동안 산, 효소, 기타 요인들에 의해 아미노산으로 분해될 수 있다.

그림 6-2 펩티드 결합

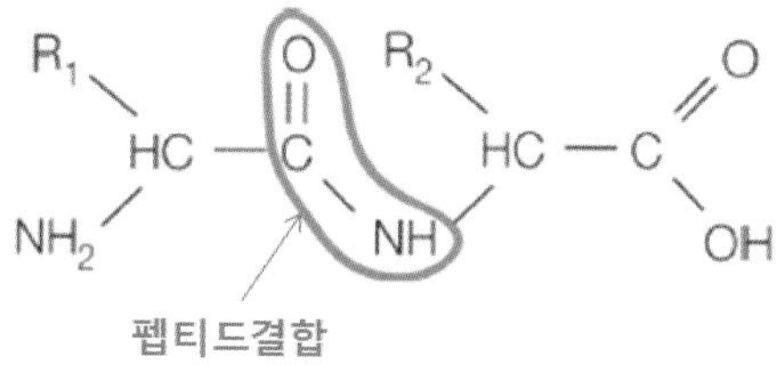

2) 단백질의 구조

두 개의 아미노산이 결합되면 디펩티드(dipeptide), 세 개의 아미노산이 결합되면 트리펩티드(tripeptides)라 한다. 수많은 아미노산이 고유한 유전정보에 따라 펩티드결합으로 연결되어 특정한 서열을 갖는 사슬구조를 단백질의 1차 구조라 한다. 또한 폴리펩티드(polypeptides) 사슬 내에 또는 사슬 간에 수소결합이나 이황화 결합에 의하여 알파-헬릭스(α-helix) 구조를 형성하는 것을 단백질의 2차 구조라고 한다. 단백질의 3차 구조는 3차원적 입체구조로서 섬유형 단백질 또는 구형 단백질을 만드는 구조를 말한다. 단백질의 4차 구조는 3차 구조의 폴리펩티드가 두 개 또는 여러 개 중합되어 단백질을 이룬 것을 말한다.

그림 6-3 단백질의 구조

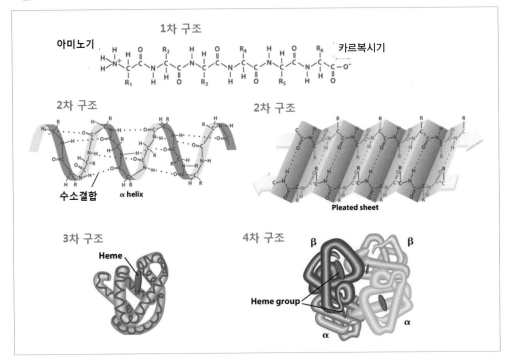

3) 단백질의 변성

가열, 산 혹은 기계적인 작용으로 단백질 분자의 구조적인 배열, 즉 수소결합, S-S 결합 등이 깨어질 수 있다. 이와 같이 자연상태의 단백질이 그의 특유한 기능적 형태를 잃고 변화되는 것을 변성이라고 하며, 대표적인 예로는 달걀 흰자위를 가열할 때 생기는 알부민(albumin)의 변성이다. 단백질이 변성되면 3차원 입체구조가 깨지게 되어 단백질의 정상적인 생리적 기능을 수행할 수 없게 된다.

그러나 인체는 이런 현상을 유리하게 이용하여, 식품이 위에 들어가면 위액에 의해 단백질이 변성되는데, 이 과정을 통해 식품은 소화하기에 좋은 상태로 바뀐다. 또 단백질 식품은 대부분 가열하여 익혀서 먹는데, 이 과정에서도 단백질의 변성이 일어난다. 변성된 단백질은 더 이상 정상적 기능을 할 수 있는 형태를 가지고 있지 않으므로 단백질로 된 효소나 호르몬을 섭취해도 위 속에서 변성과 소화가 일어나면 그 기능을 잃게 된다.

4. 단백질의 기능

① 뼈, 근육의 대부분을 구성: 결합조직, 인대, 모발, 손톱, 발톱, 치아 등
② 생명 활동의 조절과 항상성의 유지: 인슐린(insulin), 글루카곤(glucagon) 등의 호르몬 구성
③ 생화학 반응속도를 증가시키는 촉매역할: 효소 구성
④ 질병으로부터 방어: 항체, 면역체, 혈액응고 단백질 형성
⑤ 산소 및 영양소 운반: 혈액과 세포막의 운반 단백질
⑥ 체액의 평형유지: 혈장 단백질인 알부민이 혈장의 삼투압을 유지하여 수분을 혈관 내로 재이동시킴으로써 혈장과 세포 간의 수분 평형을 유지한다. 그러므로 혈장 단백질인 알부민이 부족하게 되면 혈장의 삼투압이 떨어지면서 수분이 혈관 내로 원활히 회수되지 못하기 때문에 세포조직 사이에 수분이 잔류되어 부종이 생기게 된다.
⑦ 체액의 산·염기 조정: 아미노산은 자체 내에 염기성기(아미노기)와 산성기(카르복시기)를 둘 다 가지고 있어 산·염기 양쪽의 역할을 다할 수 있는 성질이 있으므로 체액의 정상 산도(pH 7.4)를 유지시키는 완충제로 작용한다.
⑧ 1g당 4kcal의 에너지 공급: 에너지원으로 사용되는 것은 바람직하지 않다.

5. 단백질의 소화와 흡수

1) 위에서의 소화

가스트린(gastrin)이 분비되어 펩시노겐(pepsinogen) 분비를 촉진한다.

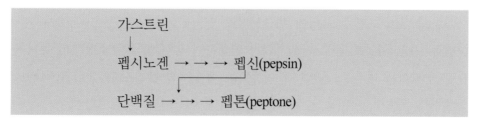

2) 소장에서의 소화

십이지장으로 펩톤이 들어오면 십이지장 벽에서 세크레틴(secretin)이 분비되어 약 알칼리성인 췌액 분비를 촉진한다. <표 6-1>과 같이 췌장과 소장 벽에서 단백질이 소화된다.

표 6-1 단백질 분해효소

기관	효소			분해산물
	불활성 전구체	활성촉진물질	활성효소	
췌장	트립시노겐 (trypsinogen)	엔테로키나아제 (enterokinase)	트립신 (trypsin)	작은 펩티드
	키모트립시노겐 (chymotrypsinogen)	활성트립신 (active trypsin)	키모트립신 (chymotrypsin)	작은 펩티드 디펩티드
	프로카르복시펩티다아제 (procarboxypeptidase)	활성트립신 (active trypsin)	카르복시펩티다아제 (carboxypeptidase)	아미노산 디펩티드
소장 벽	–	–	아미노펩티다아제 (aminopeptidase)	아미노산 디펩티드
	–	–	디펩티다아제 (dipeptidase)	아미노산

3) 아미노산의 흡수 및 운반

수용성 영양소인 아미노산은 소장 벽에서 단순 확산이나 특이한 운반체를 이용한 능동수송에 의해 소장의 내벽을 통과하여 문맥으로 흡수되어 간으로 이동한다. 간에 서는 아미노산 풀을 형성하여 다양한 대사과정이 이루어지며 인체 각 부분에 필요한 아미노산을 이동시키기 위한 준비를 한다.

① 단순 확산: 영양소 농도가 높은 쪽에서 낮은 쪽으로 이동하는 것으로 상피세포 안팎의 농도 기울기에 의한 흡수로서 지질, 수용성 비타민, 지용성 비타민, 대 부분의 무기질 흡수가 이에 해당된다.

② 능동 수송: 영양소 농도 기울기와는 역행하여 농도가 낮은 소장부터 농도가 높은 상피세포 내부로 영양소가 이동하는 흡수기전이다. 이때 에너지(ATP)가 필 요하며 포도당, 아미노산, 칼슘, 철 등의 흡수가 이에 해당된다.

6. 아미노산과 단백질 대사

1) 아미노산 풀

체내의 아미노산은 여러 경로를 통해서 올 수 있다. 식사를 통해 섭취된 단백질이 소화되어 흡수된 아미노산, 체조직 단백질의 분해로 생성된 아미노산, 체내에서 합성된 아미노산들은 간과 조직에서 아미노산 풀을 이루고 있다가 필요에 따라 여러 용도로 이용된다.

그림 6-4 아미노산 풀

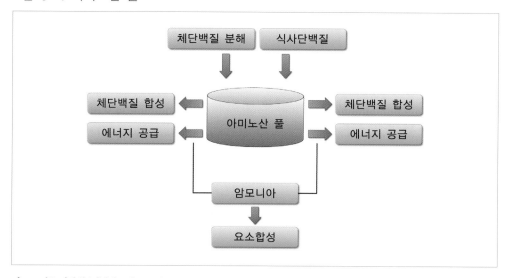

자료: 기초영양학(김갑순 외, 2006)

2) 단백질 합성

세포의 소포체에는 많은 리보솜(ribosome) 입자가 붙어 있고, 이 안에는 리보핵산(ribonucleic acid)의 약 80%가 들어 있다.

① 1단계: 핵에 있는 각 디옥시리보핵산(deoxyribonucleic acid; DNA)은 자기의 특유한 유전정보를 가지고 있다. 이 정보에 의하여 DNA는 핵 내에서 메신저

RNA(messenger RNA; m-RNA)를 합성한다. m-RNA는 소포체를 통하여 리보솜(ribosome)에 이동되어 단백질을 합성하는 틀(template)이 된다.

② 2단계: 단백질 합성의 첫 단계는 아미노산의 활성화이며 활성화된 아미노산은 트랜스퍼 RNA(transfer RNA; t-RNA)와 결합한다.

③ 3단계: t-RNA에 의해 단백질 합성에 필요한 아미노산이 적절한 위치에 나열되면 리보솜 틀(ribosome template)에 놓여 있는 m-RNA에 결착하게 된다. 활성화된 아미노산이 자기의 특유한 유전정보를 DNA에서 받는 대로 단백질 구조인 폴리펩티드(polypeptide)를 형성한다.

④ 4단계: 새로이 형성된 폴리펩티드는 리보솜에서 분리되고 t-RNA분자는 m-RNA 틀(template)에서 방출되어 다시 새로운 단백질을 합성할 준비를 한다.

그림 6-5 단백질의 합성과정

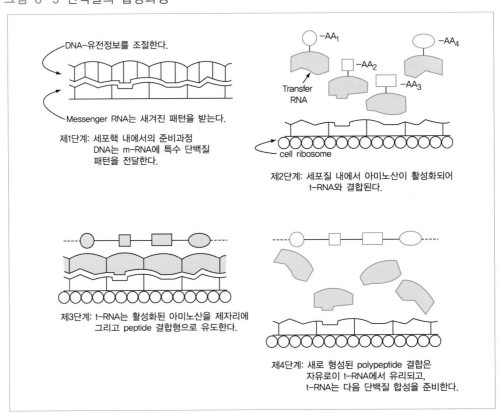

자료: 영양학(문수재 외, 2002)

7. 단백질의 종류와 질 평가

1) 단백질의 종류

(1) 완전 단백질

필수아미노산 조성이 체내 단백질 합성에 적합한 비율로 조성되어 인체의 성장과 유지에 효율이 높은 양질의 단백질을 말하며, 유즙과 계란에 함유된 단백질의 아미노산 조성은 체조직 합성에 가장 효율성이 높아 이에 속한다.

(2) 부분적으로 불완전한 단백질

동물의 성장을 돕지는 못하나 생명을 유지시키는 단백질로서 필수아미노산 중 몇 종류의 양이 충분하지 못하므로 다른 단백질식품을 통한 필수아미노산의 보완이 필요하며 식물성 단백질이 이에 속한다.

① 제한 아미노산: 단백질이 충분히 높은 영양가를 가지기 위해서는 필수아미노산 상호 간의 비율이 일정한 범위 내에 있어야 한다. 만일 단 하나라도 필요량보다 적으면 다른 필수아미노산이 충분해도 그 적은 아미노산 때문에 영양가가 억제되고 만다. 이와 같은 아미노산을 제한 아미노산이라고 한다.

② 단백질 상호보완 효과: 필수아미노산 조성이 다른 두 개의 단백질을 함께 섭취하여 서로의 제한점을 보충하는 것을 단백질의 상호보완 효과라 한다. 콩밥의 경우, 쌀은 콩에 부족한 메티오닌(methionine)을 보강해 주고 콩은 쌀에 부족한 리신(lysine)을 공급하여 두 식품의 단백질을 모두 효율적으로 활용할 수 있게 된다.

(3) 불완전 단백질

한 개 이상의 필수아미노산의 함량이 극히 부족한 단백질로서 장기간 섭취 시 동물의 성장이 지연되고 체중이 감소되며 몸이 쇠약해진다. 옥수수의 제인이나 동물성 단백질 중 젤라틴이 이에 속한다.

2) 단백질의 질 평가

단백질의 질을 평가하는 방법에는 식품 단백질의 필수아미노산 조성을 화학적으로 분석하는 화학적 방법과 동물의 성장속도나 체내 질소 보유 정도를 측정하는 생물학적 방법이 있다.

표 6-2 단백질의 질 평가방법

종류		평가기준	산출공식
화학적 방법	화학가	완전 단백질의 아미노산 조성을 기준으로 평가	$\dfrac{\text{식품 단백질 g당 제1제한 아미노산 mg}}{\text{기준 단백질 g당 같은 아미노산 mg}} \times 100$
	아미노산가	WHO에서 제정한 이상적인 필수아미노산 표준구성을 기준으로 함	
생물학적 방법	단백질 효율비 (PER)	동물(흰쥐)의 체중증가에 기여하는 단백질을 기준으로 평가함	$\dfrac{\text{일정한 사육기간 동안 성장 쥐의 체중 증가량(g)}}{\text{일정한 사육기간 동안 단백질 섭취량(g)}}$
	생물가 (BV)	동물 체내에 흡수된 질소의 체내 보유 정도를 나타냄(소화 흡수율 고려하지 않음)	$\dfrac{\text{보유된 질소량}}{\text{흡수된 질소량}} \times 100 =$ $\dfrac{\text{식이질소량}-(\text{소변질소량}+\text{대변질소량})}{\text{식이질소량}-\text{대변질소량}} \times 100 =$
	단백질 실이용률 (NPU)	총 섭취 질소량에서 체내에 보유된 질소의 비율로 소화 흡수율을 고려한 값	$\dfrac{\text{보유된 질소량}}{\text{섭취 질소량}} \times 100 =$ $\dfrac{\text{식이질소량}-(\text{소변질소량}+\text{대변질소량})}{\text{식이질소량}} \times 100$ $= \text{생물가} \times 100$

제7장

지용성 비타민

Chapter 7

지용성 비타민

1. 비타민의 소개

1) 정의

라틴어에서 vita는 생명을 의미하며 생화학용어인 아민(amine)은 아민기를 가진 질소 함유 유기물질(RNH_2)을 의미한다. 그러나 계속해서 발견된 비타민들 중에는 아민기를 가지고 있지 않은 것들도 있다. 신체의 성장이나 정상적인 체내기능을 위해 반드시 필요한 유기물로 식이를 통해 반드시 섭취해야 하며, 비타민 섭취량이 부족하면 결핍증이 발생한다. 식품 속에는 매우 적은 양의 비타민이 함유되어 있으나 실제 인체가 필요로 하는 양도 매우 소량이다. 과거에 치료 불가능하다고 여겼던 각기병, 구루병, 괴혈병, 펠라그라, 악성 빈혈 등이 20세기 들어 비타민 결핍 시 나타나는 증세임이 알려져 그 중요성 및 많은 연구들이 이루어졌다.

2) 비타민의 분류

비타민은 물과 기름에 대한 친화도에 따라 수용성 비타민과 지용성 비타민으로 분류된다. 지용성 비타민은 기름에 녹으며 과량섭취하면 체내 특히 간에 축적된다. 지용성 비타민에는 비타민 A, D, E, K가 있다. 수용성 비타민은 물에 녹으며 과량

섭취하면 필요량 이상은 소변으로 배설된다. 수용성 비타민에는 비타민 B군과 C가 있다.

표 7-1 비타민의 종류와 이름

종류	표준명	다른 이름
지용성	비타민 A 비타민 D 비타민 E 비타민 K	레티놀(Retinol) 콜레칼시페롤(Cholecalciferol) 토코페롤(Tocopherol) 필로퀴논(Phylloquinone)
수용성	비타민 B_1 비타민 B_2 니아신(Niacin) 비오틴(Biotin) 판토텐산(Pantothenic acid) 비타민 B_6 비타민 B_{12} 엽산(Folic acid) 비타민 C	티아민(Thiamin) 리보플라빈(Riboflavin) 피리독신(Pyridoxin) 코발아민(Cobalamin) 폴라신(Folacin) 아스코르브산(Ascorbic acid)

표 7-2 지용성 비타민과 수용성 비타민의 비교

구분	지용성 비타민	수용성 비타민
흡수	융모 내 림프관으로 흡수된 후 혈액으로 들어간다.	융모 내 모세혈관으로 흡수된다.
운반	단백질 운반체의 도움으로 이동한다.	혈액 내에서 자유로이 순환한다.
저장	지방과 관련된 세포 내에 머무른다.	체액 내에서 자유로이 순환한다.
배설	과잉섭취 시 지방 저장부위에 남아 있고 쉽게 배설되지 않는다.	과잉분은 소변으로 쉽게 배설된다.
독성	과잉섭취 시 독성 수준에 도달 가능성이 크다.	과잉섭취 시 독성 수준에 도달하기 어렵다.
요구량	주기적인 섭취가 필요하다.	소량씩 자주 섭취할 필요가 있다.

2. 지용성 비타민의 특성

지용성 비타민은 그 섭취나 흡수 및 대사과정이 식이지방의 양이나 형태, 흡수 및 대사와 밀접한 관련이 있다. 따라서 지방의 흡수나 대사에 이상이 있을 경우 지용성 비타민에 대해서도 비슷한 효과가 금방 나타난다. 일반적으로 지용성 비타민은 소변으로 배설되지 않고 극성 대사물에 한해 소량이 소변으로 배설되며 일부는 담즙으로 배설되고 체내에 상당량 저장될 수 있다. 따라서 그 저장량이 지나치게 많거나 섭취량이 과할 때는 과잉증 또는 독성이 나타날 수 있다. 이 독성은 특히 비타민 A와 D의 경우에 쉽게 볼 수 있으며 1일 권장량의 5~10배 정도의 그리 많지 않은 양이라도 장기간 섭취하면 과잉증이 나타날 수 있다.

3. 비타민 A

1) 구조

비타민 A는 우리나라 사람들에게 부족되기 쉬운 영양소 중 하나이며 동물성 식품에도 포함되어 있으나 녹황색 채소로부터 가장 많이 섭취된다. 비타민 A에는 여러 물질들이 포함되는데, 동물성 급원인 레티놀(retinol), 레티날(retinal), 레티노인산(retinoic acid)을 통칭하는 레티노이드(retinoid)와 비타민 A 활성을 지닌 식물성 급원인 카로티노이드(carotenoid)를 모두 일컫는다. 비타민 A는 동물성 식품 중에는 레티놀에 지방산이 결합한 레티닐에스테르(retinyl ester)로 존재한다. 식물성 식품에는 주홍색 색소를 제공하는 600여 종의 카로티노이드가 있는데, 이 중 약 10%만이 비타민 A의 기능을 수행하며 이러한 카로티노이드를 비타민 A 전구체 혹은 프로비타민 A(pro-vitamin A)라 한다. 이 프로비타민 A 중 베타카로틴(β-carotene)이 생리활성면에서 가장 중요하다. 그 외 리코펜(lycopene), 칸타잔틴(canthaxanthin), 루테인(lutein) 등도 카로티노이드에 속한다.

그림 7-1 레티노이드(retinoid, 레티놀, 레티날, 레티노인산), 베타카로틴(β-carotene)의 구조

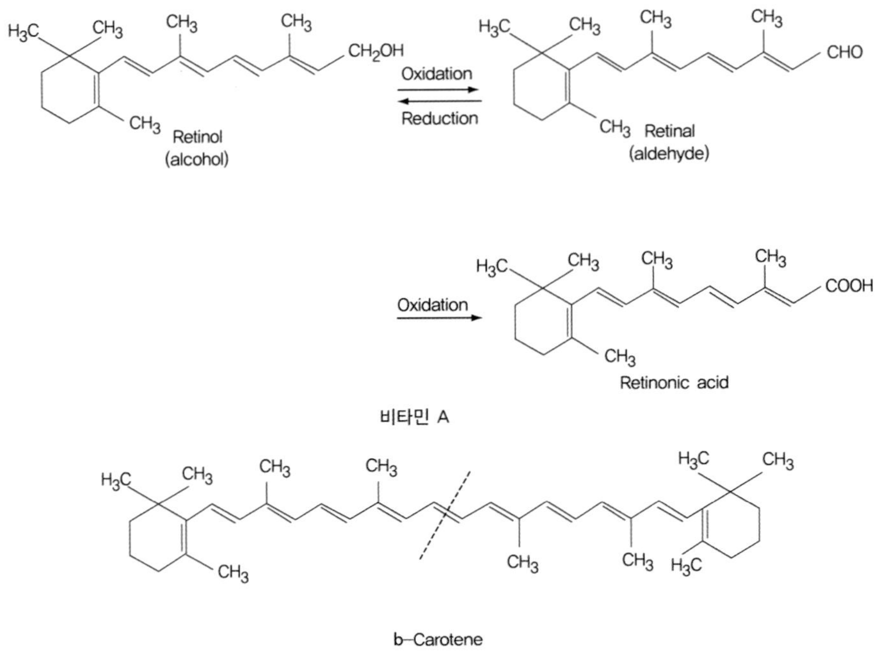

2) 소화, 흡수, 대사

식품 중의 비타민 A는 주로 레티닐에스테르(retinyl ester)의 형태로 존재한다. 식품 중의 비타민 A는 소장에서 담즙과 췌장효소에 의해 레티놀과 지방산으로 가수분해된다. 유리된 레티놀은 소장에서 흡수되며 소장 점막 내에서 지방산과 다시 결합하여 레티닐에스테르를 형성한 후 킬로미크론(chylromicron)에 합류되어 림프계를 통해 간으로 이동한다. 유리된 베타카로틴(β-carotene)은 소장 점막 내에서 레티날로 절단되고 레티놀로 환원된 뒤 킬로미크론에 합류되어 간으로 운반되어 저장된다.

3) 생리적 기능

(1) 시각

비타민 A는 암적응에 관여하는 로돕신(rhodopsin) 회로에 필요하다. 시각세포 중

간상세포는 명암과 형태 감지에 관여하며 로돕신 색소를 함유하고 있다. 어두운 곳에 들어가면 레티놀은 레티날(11-cis retinal)로 전환되고 옵신(opsin) 단백질과 결합하여 로돕신을 생성한다. 다시 빛이 있는 곳으로 나가면 로돕신이 옵신과 레티날(all-trans retinal)로 분리되며 이때 신경자극이 발생되어 시신경을 통해 뇌로 전달되어 사물을 볼 수 있게 된다.

분리된 레티날은 재이용되지 않고 체외로 배설된다.

비타민 A가 부족하면 로돕신의 생성속도가 늦어지고 현저한 시력 저하를 초래하여 야맹증을 가져온다. 이 현상은 밝은 곳에 있다가 극장에 들어갔을 때 앞이 보이지 않는 것과 같은 현상이다.

그림 7-2 비타민 A와 시각 회로

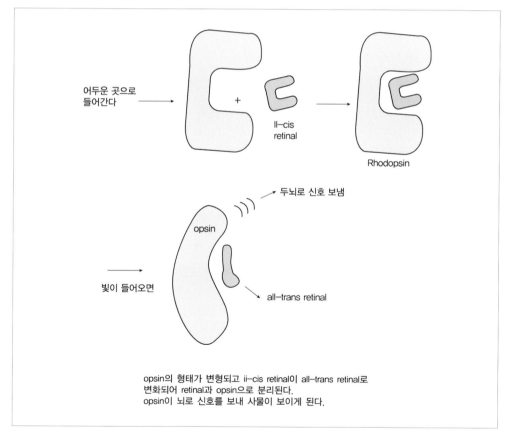

자료: 영양학(문수재 외, 2002)

(2) 세포의 분화

미성숙한 세포가 다양한 종류의 성숙한 세포로 분화(differentiation)하는데 비타민 A가 관련된다. 세포의 분화란 미성숙한 세포가 성숙한 근육, 피부, 신경세포 등으로 전환되는 과정을 뜻한다. 즉 비타민 A는 세포분열 시 배아줄기세포(steam cell)의 분화를 촉진시키며 다양한 조직에서 세포의 발달과 기능유지에 중요한 역할을 한다.

(3) 유전자 발현 조절

레티노익산은 핵수용체에 결합한 후 핵으로 이동하여 표적유전자 DNA의 특정위치에 결합함으로써 그 유전자의 발현을 조절한다.

(4) 치아와 골격의 정상적인 성장과 발육

비타민 A는 골격의 형성에 관여하는 조골세포와 골격의 분해에 관여하는 용골세포의 형성 및 대사과정에 필요하며 건강한 골격형성에 중요한 역할을 한다. 그러나 너무 많은 비타민 A는 골밀도를 감소시키고 골절의 위험을 높인다.

(5) 항산화 작용

프로비타민 A인 베타카로틴은 활성산소를 제거하는 항산화제로 작용하며 항암작용이 있다. 특히 다량의 카로티노이드에 존재하는 많은 이중결합이 체내의 유리라디칼(free radical)과 과산화물(peroxide)을 효과적으로 처리한다. 베타카로틴, 리코펜, 루테인과 알파-카로틴은 LDL 콜레스테롤과 다른 세포막 지질의 산화를 저해하여 동맥경화 발생을 예방하거나 늦춘다.

(6) 상피조직 및 면역기능의 유지

상피세포는 피부, 눈, 요도와 호흡기관의 내막 상피에 있는 세포인데, 잘 분화된 상피세포의 모양은 원형이고 섬모로 덮여 있으며 점액을 분비한다. 상피세포의 각질화(keratinization)는 세포 내 단백질인 케라틴(keratin)의 축적에 의해서 세포가 건조해지고 경화되는 현상이다. 비타민 A가 결핍되면 세포의 각질화가 나타나고 섬모가 없어져 미생물의 침입이 용이해져 질병에 쉽게 감염된다. 비타민 A가 결핍된 동물이나 사람에게서 전염병 감염률이 높았기 때문에 비타민 A는 일찍이 항전염병 비타민으로 알려졌다. 또한 단백질-에너지 결핍 시 면역능력의 저하로 전염병 감염률이 높아지는 것도 비타민 A 결핍으로 인해 면역세포인 T-림프구의 활성이 감소되었기 때문이다.

4) 결핍증

비타민 A 결핍증은 심각한 영양문제로 아시아, 아프리카, 남아메리카 지역에 사는 아동들에게 널리 발생한다. 일 년에 약 500만 명의 어린이가 안구건조증에 걸리고 25만 명의 어린이가 실명을 하고 이 중에서 반이 일 년 내에 사망한다. 어린이에게 나타나는 비타민 A 결핍증세는 야맹증, 낮은 혈청 내 비타민 A 농도, 눈의 결막과 수정체의 비정상적 증세인 안구건조증이 단계적으로 오는 것이다.

비타민 A는 피부의 기능을 정상으로 유지하는데 필수적이므로, 비타민 A 결핍은 모낭각화증(follicular hyperkeratosis)과 같은 피부의 이상증세를 나타낸다.

5) 과잉증

비타민 A를 1일 권장량보다 많이 섭취하면 사람과 동물에서 비타민 A 과잉섭취로 인한 독성이 나타난다. 급성중독 증상은 구토, 두통, 희미한 시력, 근육의 부조화, 현기증 등이며 만성중독 증상은 원형탈모증, 뼈와 근육의 통증, 설염, 결막염, 두통, 간중독증, 고지혈증, 피부건조증, 피부질환, 시력손상 등이다.

임신 초기에 다량의 비타민 A를 섭취하면 임신과정이 비정상적으로 되어 자동유산, 기형아 출산, 출생한 신생아의 학습능력이 저하되는 증세를 나타낸다. 일상 식사에서 규칙적으로 녹색야채나 과일을 섭취한 건강한 여성은 임신하였을 때 별도로 비타민 A 제제를 보충할 필요는 없다. 꼭 보충을 해야 하는 경우 약 3mg을 초과하지 않도록 한다.

6) 급원식품

비타민 A의 1일 권장 섭취량은 남자 750μgRE, 여자 650μgRE이다. 동물의 간은 비타민 A의 풍부한 급원식품이다. 돼지 간 100g에는 12mg이 함유되어 있고 생선 간유에도 비타민 A와 D가 농축되어 있다. 난황 하나에도 약 0.1mg이 함유되어 있어 달걀도 비타민 A의 좋은 급원이다. 또한 우유의 지방에 존재하기 때문에 저지방 우유에는 비타민 A가 거의 존재하지 않는다. 다른 동물성 식품의 비타민 A 함량은 매우 낮은 편이다. 과거에는 식물성 식품에 함유되어 있는 베타카로틴(β -carotene)을 단지 비타민 A의 전구체 정도로만 여겼는데, 최근에는 베타카로틴(β -carotene) 자체가 일부의 암과 다른 만성질환에 이로운 효과를 준다는 연구 결과가 많이 발표되고 있다. 비타민 A와 베타카로틴(β -carotene)은 적당한 열이나 알칼리에서는 안정하지만 빛, 산 그리고 산화제에 대해서 불안정하다. 그러므로 비타민 A는 일상적인 조리에 의해서는 파괴되지 않지만 고온에서 튀김을 하는 경우 베타카로틴(β -carotene)은 파괴되고 튀긴 후에 발생되는 지방 산패로 인해 산화가 일어나므로 베타카로틴(β -carotene)의 파괴가 증가한다. 햇빛에 말리거나 또 다른 방법에 의해서 탈수시키는 경우 식품 내에 함유되어 있는 비타민 A의 활성은 감소한다.

표 7-3 비타민 A 급원식품과 함유량

식품명	1회분 함량(μgRE)	100g당 함량(μgRE)
쇠 간	5,683(60g)	9,472
당 근 주 스	2,575(100g)	2,575
깻 잎	1,067(70g)	1,553
당 근	889(70g)	1,257
무 청	584(70g)	730
쑥 갓	438(70g)	458
시 금 치	334(70g)	477

4. 비타민 D

체내 칼슘 대사조절에 중요한 인자인 비타민 D는 다른 비타민과 달리 체내에서 합성될 수 있으며 작용기전이 스테로이드 호르몬과 유사하여 프로호르몬(prohormone)으로 분류되기도 한다. 뼈에 칼슘과 인이 충분히 축적되지 못하면 뼈가 약해지고 압력을 받으면 뼈가 구부러지게 된다. 이러한 현상이 어린이에게 발생했을 때 구루병이라 하며 비타민 D는 대표적인 항구루병인자이다.

1) 구조

비타민 D는 체내 콜레스테롤로부터 만들어지며 비타민 D_2와 D_3가 있다. 비타민 D_2는 에르고칼시페롤(ergocalciferol)로 버섯과 효모에 들어 있는 에르고스테롤(ergosterol)로부

그림 7-3 비타민 D_2, D_3 및 전구체의 구조

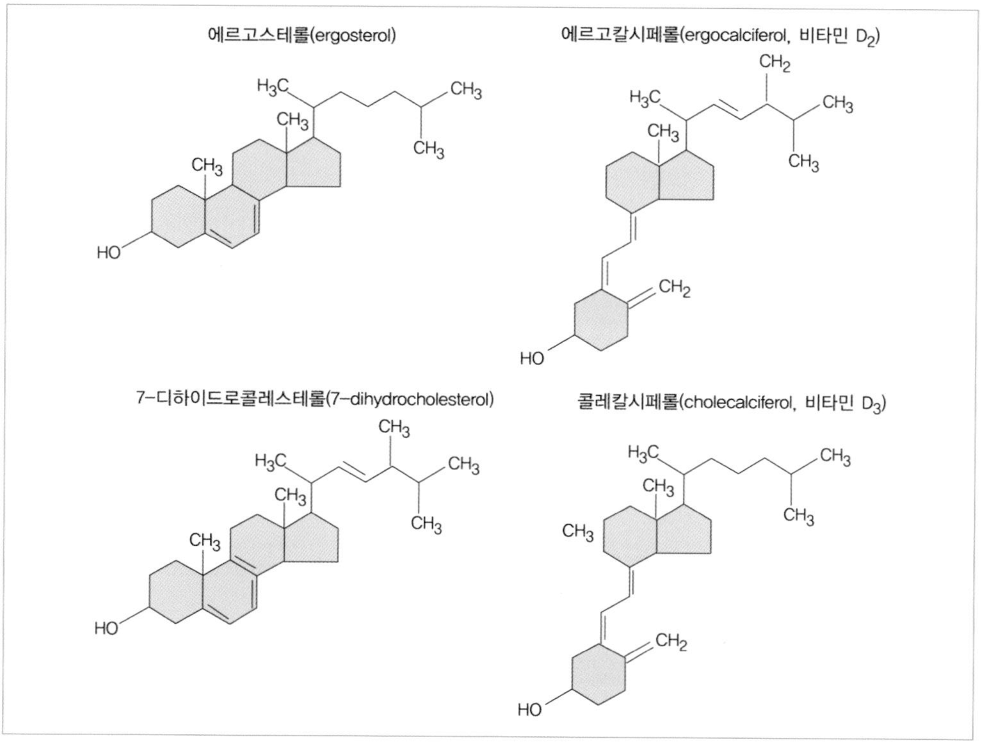

터 햇빛 중 자외선에 의해 생성된다. 비타민 D_3는 콜레칼시페롤(cholecalciferol)로 동물체내에서 콜레스테롤로부터 자외선에 의해 생성된다. 연령이 증가할수록 상피세포 내의 비타민 D_3 전구체 농도가 감소하므로 노년층의 경우 같은 시간 햇빛에 노출했을 때 혈액 내 순환하는 비타민 D_3의 증가량은 젊은층의 약 30% 정도밖에 되지 않는다.

자외선 차단제를 사용하면 피부에서의 비타민 D_3 합성은 중단되므로 외출횟수가 적은 노인의 경우 자외선 차단제를 장기간 사용할 경우 혈액 내 비타민 D의 농도가 감소될 수 있다.

2) 흡수와 대사

소장에서 흡수된 비타민 D는 킬로미크론(chylromicron)에 합류되어 림프관을 통해 혈액으로 들어가서 간으로 이동된다. 비타민 D는 간에 주로 저장되며 피부, 뇌, 비장 및 뼈에도 소량 저장된다.

그림 7-4 비타민 D의 합성

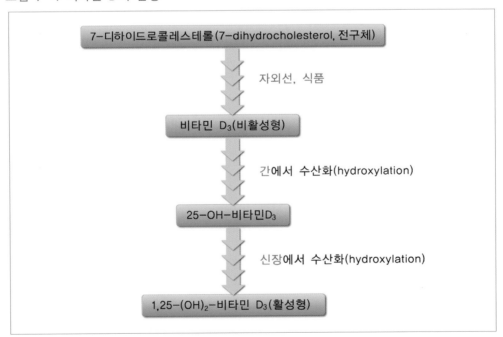

비타민 D는 활성화되기 위해서 간과 신장에서 히드록실화(hydroxylation) 반응이 이루어져야 한다. 간에서 비타민 D_2는 히드록실화 반응에 의해 25-OH-비타민 D_3 (칼시디올)이 생성되고, 이것은 신장에서 또 다른 히드록실화 반응에 의해 활성형인 $1,25-(OH)_2$-비타민 D_3(칼시트리올)로 전환된다.

3) 생리적 기능

그림 7-5 부갑상선과 비타민 D의 관계

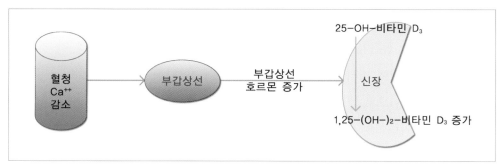

(1) 혈중 칼슘의 항상성 유지

비타민 D의 중요한 기능은 혈액에서의 칼슘 농도를 적절한 범위 내로 유지시켜 주는 것이다. 세포에서 필요한 칼슘이 고갈되면 부갑상선이 이를 인지하고 부갑상선 호르몬의 합성과 분비를 촉진시킨다. 부갑상선 호르몬은 신장의 세뇨관에서 칼슘의 재흡수를 증가시키고, 신장에서 $25-OH_2$-비타민 D_3로부터 $1,25-(OH)_2$-비타민 D_3의 합성을 증가시킨다. 합성된 $1,25-(OH)_2$-비타민 D_3은 소장에서 칼슘 흡수율을 증가시켜 혈액의 칼슘 농도를 증가시킨다. 또한 $1,25-(OH)_2$-비타민 D_3은 부갑상선 호르몬과 함께 뼈에 저장되어 있는 칼슘을 분해시켜 혈액으로 이동하게 한다. 이러한 작용기전이 스테로이드 호르몬과 유사하여 비타민 D는 프로호르몬(pro-hormone)으로 분류되기도 한다.

(2) 유전자 발현 조절

칼시트리올은 비타민 D 수용체와 복합체를 형성한 후 레티노익산 수용체와 함께 핵 내에서 특정 유전자의 발현을 조절하는데, 주로 칼슘항상성 유지에 관여하는 유전자의 발현이 조절된다.

4) 결핍증

어린이의 경우 비타민 D 결핍 증세는 골격 형성에 이상이 생기거나 형태가 변형되어 다리가 굽는 구루병이 나타난다. 성인의 경우 골연화증 및 골다공증이 발생하는데, 이는 뼈의 형성에 이상이 있어 뼈의 밀도가 약해지거나 구멍이 생겨 골절이 쉽게 발생하는 것을 뜻한다. 피부를 햇빛에 노출시키는 것을 금하는 문화에 사는 여성이나 비타민 D 섭취가 부적절한 여성이 아이를 계속해서 낳고 수유를 할 경우 주로 나타난다. 그 외에 비타민 D 결핍증으로는 혈액 내 칼슘 농도가 감소해서 발생하는 근육경련(tetany)으로 근육과 신경으로의 공급이 충분치 않을 때 발생한다. 비타민 D가 결핍되면 어린이와 성인은 뼈에 통증이 오고 근육이 약해진다.

5) 과잉증

햇빛에 의하여 체내에서 합성되는 비타민 D의 양은 생리적으로 잘 조절되므로 아무리 햇빛에 많이 노출되어도 독성을 일으킬 정도의 비타민 D가 합성되지 않는다. 그러나 보충제로 너무 많은 양의 비타민 D를 섭취하였을 경우에는 과잉증이 나타난다. 근래에는 다양한 종류의 식품에 비타민 D가 강화됨으로써, 특히 신생아가 비타민 D 강화식품을 과량으로 섭취하게 되면 혈액 내 비타민 D의 양이 증가되고, 이로 인해 혈액 내 칼슘량이 증가하는 고(高)칼슘혈증(hypercalcemia)이 나타날 수 있다. 고칼슘혈증은 심장, 폐, 신장 등의 연조직을 비가역적으로 석회화시키는 심각한 해를 끼치게 된다.

6) 급원식품

옥외에서 일을 많이 하는 경우 비타민 D 결핍증은 나타나지 않지만 실내생활을 주로 하고 야간근무를 많이 하는 경우 햇빛 노출에 의한 비타민 D 합성량이 감소하여 결핍증이 나타날 수 있다. 햇빛을 받지 못하여 체내에서 필요한 비타민 D를 충분히 합성하지 못할 경우 식품을 통하여 비타민 D를 섭취한다. 그러나 대부분의 식품이 비타민 D의 좋은 급원식품은 아니며, 달걀, 우유, 버터, 생선 간유와 같은 동물성 식품에 소량 존재한다. 비타민 D 강화식품이 많이 시판되고 있으며 우유 또는 시리얼 등이 좋은 예이다.

5. 비타민 E

비타민 E는 신체 전반에 고루 분포되어 있으며 혈장, 간, 지방조직에 다량 존재하고 인지질이 풍부한 세포막과 같이 다량의 지방산을 포함하는 구조에서 특히 중요하다. 최근에는 식품 가공 시 항산화제로 첨가되는 경우가 많아 가공식품 중에 상당량 포함된 경우도 있다.

1) 구조

비타민 E는 구조의 차이에 따라 토코페롤(tocopherol)과 토코트리에놀(tocotrienol)이 있으며, 이 중 생리적 활성이 높은 것은 토코페롤이다. 식품에 함유된 비타민 E에는 각기 다른 생물학적 활성을 갖는 8개의 천연 화합물이 있는데, 이 중 알파-토코페롤(α-tocopherol)의 활성이 가장 크다.

그림 7-6 비타민 E의 구조

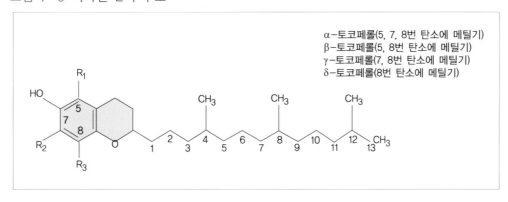

2) 생리적 기능

비타민 E의 주요 생리적 기능은 신체 내 모든 세포의 세포막을 정상적으로 유지하는 것이다. 안정된 분자결합을 형성하는 여러 쌍의 전자로 구성되어 있는데, 이 결합 중 하나가 깨지면서 전자쌍 중 한 전자만 남게 되면 그 전자가 다른 전자를 찾아 전자쌍을 이룰 때까지 반응력이 큰 불안정한 상태의 유리라디칼(free radical)이 되며 유리라디칼은 체내 손상을 일으킨다. 비타민 E는 세포막 내 인지질을 구성하고 있는 불포화지방산을 산화로부터 보호하므로 체내를 산화 손상으로부터 보호하는 역할을 한다. 체내 기관 중 폐, 뇌, 적혈구의 세포막이 산화될 위험이 높고, 세포 내 기관 중에서 미토콘드리아와 소포체의 세포막에 불포화지방산이 많이 함유되어 있어 비타민 E가 부족할 때 산화되기 쉽다. 비타민 E는 산화를 방지하는 역할을 하여 항산화제라고 하며 심혈관계 질환, 당뇨병, 암과 같은 질병을 예방하고 치료하는 데 기여한다.

이외에 토코트리에놀은 사람과 동물의 혈중 콜레스테롤을 낮춰준다.

3) 결핍증

비타민 E 결핍증상은 사람에게는 흔하지 않고 지방흡수 장애와 같은 병적인 상태에서 나타날 수 있다. 비타민 E의 부족 증상으로는 드물지만 망막증, 색소침착, 용혈성 빈혈(hemolytic anemia), 근육무력, 퇴행성 신경질환 등이 있다. 뇌와 근육의 세포막에는 불포화지방산이 많이 함유되어 있어 이들 기관에서 결핍증상이 쉽게 발생한다.

4) 과잉증

비타민 E는 과잉섭취 시에도 독성이 잘 나타나지 않는 비타민 중 하나이다. 그러나 하루에 800~3,200mg을 장기간 보충하였을 때에는 근육무력, 피로, 착시, 메스꺼움, 설사, 경련과 같은 증세가 나타나므로 과량의 장기복용은 바람직하지 않다.

5) 급원식품

비타민 E는 식품에 널리 분포되어 있으며 특히 식물성 식품의 잎, 겨, 배아 부분에 많이 함유되어 있고 식물성유가 주요 식품 급원이다.

표 7-4 비타민 E 급원식품과 함유량

식품명	1회분 함량(mg)	100g당 함량(mg)
콩기름	5.1(5g, 1ts)	103.2
옥수수유	4.1(5g, 1ts)	83.2
녹차	3.1(5g)	63.4
아몬드	2.4(10g)	31.1
참기름	1.5(5g, 1ts)	29.1
아보카도	1.3(10g)	1.3
땅콩(말린 것)	1.2(100g)	12.0

비타민 E의 필요량은 불포화지방산의 섭취에 따라 증가하게 되며 식용유를 비롯한 가공식품 중에 비타민 E가 강화되어 나오고 있다. 그러나 현재 섭취하고 있는 불포화지방산의 섭취량보다는 체내 지방 중 불포화지방산의 양이 비타민 E 필요량과 더욱 상관관계가 높다.

6. 비타민 K

비타민 K는 혈액응고에 필수적인 비타민으로 사람의 경우 장내 세균에 의해 상당히 많은 양이 합성된다. 일반적인 식사에 의해서도 비타민 K의 섭취량이 충분할 뿐만 아니라 장내 세균에 의해서도 비타민 K가 합성되므로 결핍증은 흔하지 않다.

1) 구조

비타민 K는 혈액응고에 필수적인 영양소로서 퀴논(quinone)류에 속하는 화합물이다. 가장 잘 알려진 것에는 비타민 K_1과 비타민 K_2의 두 가지 형태가 있다. 비타민 K_1은 식물성 급원으로 목초 알팔파에서 발견되었다. 비타민 K_2는 동물성 급원으로 장내 세균에 의해 합성되는 미생물의 대사산물이며, 비타민 K_1의 75% 활성을 나타낸다. 비타민 K_3는 자연계에 존재하지 않고 실험실에서 인공적으로 합성된 형태이다.

2) 소화, 흡수, 대사

담즙의 도움을 받아서 유화되고 효소에 의해 소화된 후 킬로미크론에 포함되어 림프관을 통해 간으로 이동된다. 간은 비타민 K의 주된 저장소이지만 전환율이 빨라 체내 풀의 크기는 매우 작다. 간에서 비타민 K는 초저밀도 지단백(VLDL)에 포함되어 혈액을 통해 여러 조직으로 운반되며, 부신, 폐, 골수에 많이 존재한다. 비타민 K와 대사산물은 주로 담즙으로 배설되지만 일부는 소변으로 배설된다.

그림 7-7 비타민 K의 구조

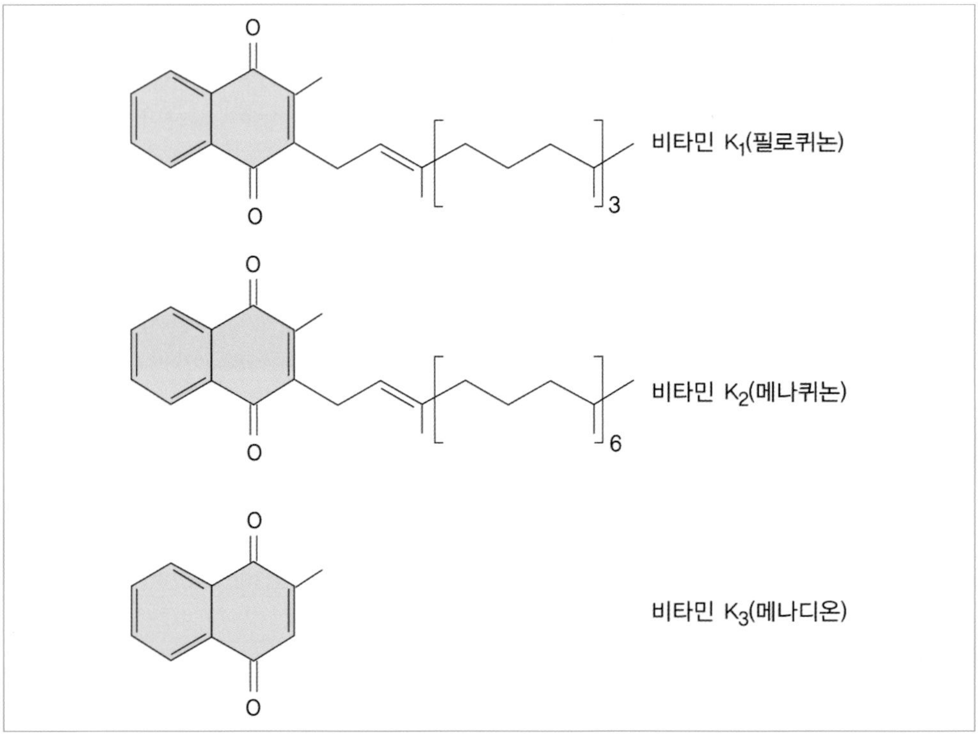

3) 생리적 기능

(1) 혈액응고작용

비타민 K는 혈액응고에 관여하는 단백질인 프로트롬빈(prothrombin)의 합성에 관여한다. 혈액응고과정에 관여하는 몇 개의 혈액응고인자들은 간에서 불활성형 단백질의 형태로 합성되므로 활성화되기 위해서는 비타민 K가 반드시 필요하다. 단백질에 포함된 글루탐산(glutamic acid)이 감마-카르복시글루탐산(γ-carboxyglutamic acid; Gla)으로 전환되어 Gla 단백질을 만드는 과정에 비타민 K가 기여하기 때문이며 이를 통해 간에서 불활성형의 프로트롬빈이 활성형 프로트롬빈으로 전환되며 활성형 프로트롬빈은 칼슘과 트롬보키나아제(thrombokinase)에 의해 트롬빈(thrombin)으로 활성화되면서 다음 혈액응고과정으로 진행된다.

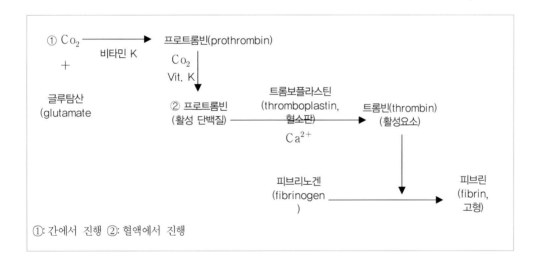

(2) 뼈의 석회화

뼈에서 합성되는 오스테오칼신(osteocalcin), matrix Gla 단백질 등은 비타민 K에 의존적이다. 폐경기 여성에게 비타민 K를 보충하면 뼈로부터 칼슘의 유출을 억제할 수 있어 골다공증을 예방할 수 있다는 연구 결과들이 많이 보고되고 있다.

4) 결핍증

비타민 K가 부족하면 혈액응고시간이 지연되거나 용혈이 나타난다. 건강한 성인
의 경우 결핍증이 거의 발생하지 않으나 신생아 또는 만성적으로 항생제를 복용하
는 사람들은 비타민 K 결핍증이 발생할 수 있다. 또한 지질 흡수가 안 되거나 지방
변증, 만성췌장염, 간질환이 있을 때에도 비타민 K의 결핍증이 나타날 수 있다.

5) 과잉증

비타민 K는 식품을 통해 많은 양을 섭취하였을 경우 과잉증이 나타나지 않는다.
그러나 합성된 형태인 메나디온(menadione: 비타민 K_3)을 과량 섭취하면 세포막에서
황을 가지고 있는 글루타티온(glutathione) 등과 결합하여 세포막 손상을 가져온다. 이
로 인하여 용혈성 빈혈, 심한 황달증상이 나타나게 된다.

6) 급원식품

비타민 K의 1일 충분섭취량은 남자 75㎍, 여자 65㎍이다. 비타민 K가 풍부한 식품
은 간과 시금치, 브로콜리 등의 녹색 잎채소, 양배추과에 속하는 채소류 등이며, 모
유에는 비타민 K가 거의 들어 있지 않다. 장내 박테리아에 의해 합성되어 대장에서
흡수되는 메나퀴논(menaquinone)은 인체의 주요 비타민 K 공급원으로 1일 요구량의
약 50%를 공급한다.

표 7-5 비타민 K 급원식품과 함유량

식품명	1회분 함량(μg)	100g당 함량(μg)
순무	455(70g)	650
시금치	186(70g)	266
케일(날것)	183(70g)	261
콜리플라워	154(70g)	220
양배추	78(70g)	149
브로콜리	62(70g)	89
쇠간	62(70g)	103

표 7-6 지용성 비타민의 요약

비타민	생화학적 기능	결핍증	과잉증	급원식품
비타민 A (retinol)	•시력유지(로돕신 생성과 분리) •세포분화와 상피조직의 유지 유전자발현 조절 •치아와 골격의 정상적인 성장과 발육 •동물의 생식기능 증진 •항산화작용 •면역기능 유지	•야맹증 •실명(안구건조증) •각질화 •동물의 생식기능 장애 •감염성 질환	•골격이상 •피부발진 •탈모증 •선천적 결핍증 •두통, 구토 •간, 췌장 비대	•동물성: 쇠간, 계란노른자 •식물성: 녹황색 채소
비타민 D (cholecalciferol)	•골격 형성과 석회화 •혈중 칼슘의 항상성 유지	•구루병(어린이) •골연화증(성인)	•칼슘의 불균형 •성장지연 •구토, 설사, 신장손상 •체중감소	•햇빛에 의한 체내 합성 •생선간유, 달걀, 비타민 D 강화 우유
비타민 E (tocopherol)	•항산화제 유전자발현 조절 •노화물질(리포퓨신)의 축적 방지	•적혈구 용혈 •용혈성 빈혈 •신경파괴		•식물성 기름, 씨앗, 녹황색 채소
비타민 K (phylloquinone)	•혈액응고작용 •뼈의 석회화	•출혈(내출혈)		•장내 박테리아에 의해 합성 •녹황색 채소, 간, 곡류, 과일

제**8**장

수용성 비타민

수용성 비타민

수용성 비타민은 물에 녹으며 에너지 대사과정의 조효소로서의 역할을 하고, 과잉섭취 시 대개 배설된다. 그러나 체내에 저장되지 않기 때문에 결핍증이 쉽게 발현된다.

1. 티아민(Thiamin, 비타민 B₁)

1) 구조

연황색 결정체로 황을 함유하고 있어서 thio-vitamin, 즉 티아민(thiamin)이라 불린다. 티아민은 피리미딘(pyrimidine)과 티아졸(thiazol) 고리로 구성되며 조효소인 티아민피로인산(thiamin pyrophosphate; TPP)의 형태로 탄수화물 대사에 관여한다.

2) 흡수와 대사

티아민은 다량 섭취하면 소장 상부에서 단순확산에 의해 흡수되고, 소량 섭취하면 막에 존재하는 운반체에 의해 흡수된다. 흡수된 티아민은 장 점막세포 내에서 인산기와 결합하여 활성형인 TPP로 전환되며, 간 문맥을 통해 간으로 이동한 후 일반 순환계로 들어간다. 티아민은 근육을 비롯해 심장, 간, 뇌 등의 조직 내에 주로 TPP의 형태로 저장된다.

그림 8-1 티아민과 티아민피로인산의 구조

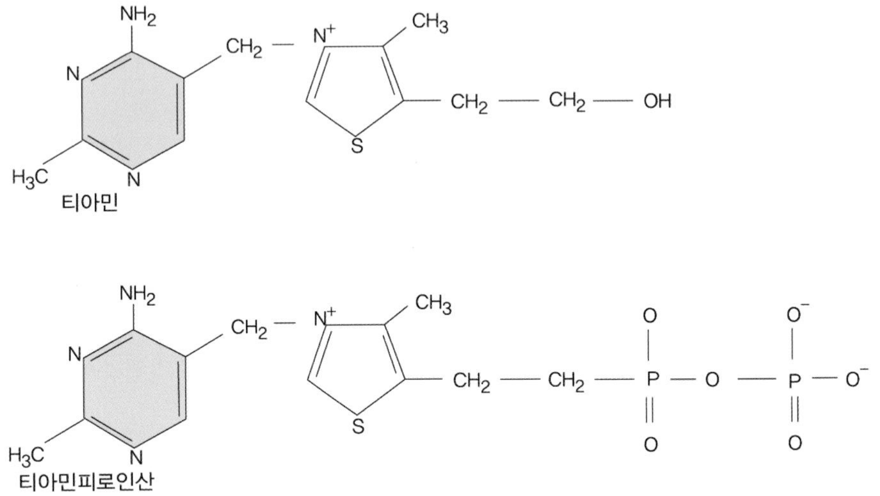

3) 생리적 기능

(1) 에너지 대사

TPP는 에너지를 생성하는 과정 중에 중요한 역할을 한다. TPP는 포도당의 대사과정 중에 탄소수가 세 개인 피루브산(pyruvic acid)이 탄소수가 두 개인 아세틸 CoA(acetyl CoA)로 전환될 때 조효소로서 관여한다. 이는 포도당의 해당과정을 TCA 회로로 연결시켜 대사가 계속 진행되도록 하는 반응이다. 그러므로 티아민이 부족하면 포도당 대사가 일어날 때 아세틸 CoA로 전환되지 못한 피루브산이 혈액과 조직 내에 축적된다. 과량의 피루브산은 젖산(lactic acid)으로 전환되어 인체에 유해한 영향을 줄 수 있다.

그림 8-2 TPP가 관여하는 에너지 대사과정

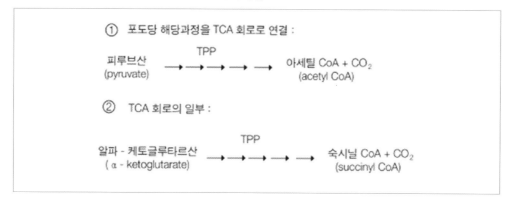

(2) 오탄당 인산 회로(Pentose Phosphate Pathway; PPP: Hexose Monophosphate Pathway; HMP shunt)

티아민은 포도당 대사의 다른 경로인 오탄당 인산 회로에서 케톨기 전이효소 (transketolase)의 조효소로 작용한다. 이 회로는 체내에서 핵산합성에 필요한 리보오 스(ribose)와 지방산 합성에 필요한 조효소인 NADPH를 제공한다.

(3) 정상적인 신경자극 전달

티아민은 신경세포와 신경세포 사이에 신경자극 전달물질인 아세틸콜린(acetylcholine) 합성과정의 조효소로 작용하여 정상적인 신경자극 전달이 이루어지도록 한다.

4) 결핍증

티아민 결핍은 도정된 곡류로 고탄수화물 식사를 하거나 심한 육체노동, 발열, 임 신이나 수유 시 또는 만성 알코올중독자에게서 나타나기 쉽다. 결핍증세로는 식욕부 진, 체중감소, 불안초조, 두통, 피로 등의 증세가 나타나고 장기적으로 진행될 경우 각기병이 발생한다. 각기병의 증세로는 신경계와 심장순환계 이상을 보이며 부종, 가슴의 통증, 숨참, 불규칙한 심장박동과 발의 감각상실, 보행불능 등이 있다.

각기병에는 건성각기(신경계)와 습성각기(심장계)가 있다. 건성각기는 주로 노년층 에서 발병되는데 말초신경계의 마비로 인해 사지의 반사, 감각, 운동기능에 장애가 나타나며, 체조직의 점차적인 손실로 환자는 마르고 쇠약해진다. 습성각기는 울혈성 심부전과 유사하다. 사지에 부종현상이 나타나며 보행이 어렵고 심장근육에 수분이 축적되어 심장이 비대해지고 호흡곤란 등의 증세가 악화되어 사망하게 된다.

5) 급원식품

1일 권장섭취량은 남자 1.2mg, 여자 1.1mg이다. 티아민은 에너지 대사에 매우 중요한 역할을 하므로 1일 1.0mg 이상 섭취해야 한다. 티아민이 풍부한 식품으로는 돼지고기와 햄 등의 육류, 콩류, 밀배아, 건조효모, 해바라기씨 및 통밀빵 등이 있다.

표 8-1 티아민의 급원식품과 함유량

식품명	1회분 함량(mg)	100g당 함량(mg)
돼지고기	0.55(60g)	0.91
식빵	0.42(100g, 3조각)	0.42
현미밥	0.34(210g)	0.34
햄	0.31(60g)	0.57
해바라기씨	0.21(10g)	2.10
검정콩	0.19(20g)	0.32
밤(생것)	0.15(60g)	0.25

2. 리보플라빈(Riboflavin, 비타민 B_2)

1) 구조와 성질

'Flavus'는 노란색을 뜻하고 구조상 플라빈(flavin)과 곁사슬로서 리비톨(ribitol)을 가지고 있어 리보플라빈(riboflavin)이란 이름을 갖게 되었다. 세포 내에서 리보플라빈은 인산과 결합하여 플라빈 모노뉴클레오티드(flavin mononucleotide; FMN)를 만들거나, 리보플라빈, 아데닌, 인산이 결합하여 플라빈 아데닌 디뉴클레오티드(flavin adenine dinucleotide; FAD)를 만들게 되고, 이들 물질은 생체활성을 갖는 조효소로 작용한다.

그림 8-3 리보플라빈의 구조

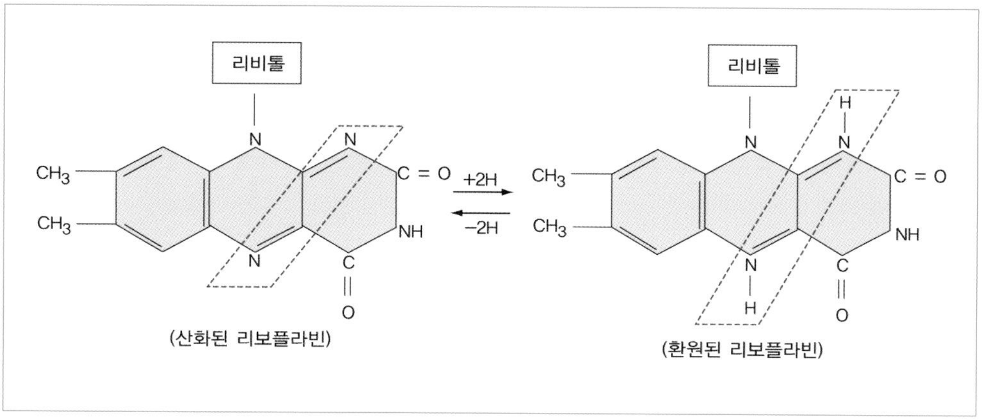

리비톨

(산화된 리보플라빈)

리비톨

(환원된 리보플라빈)

그림 8-4 FAD가 관여하는 에너지 대사과정

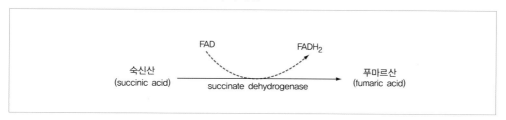

자료: succinate dehydrogenase첨가

2) 소화, 흡수, 대사

리보플라빈은 식품 중에서 FMN이나 FAD의 형태로 존재한다. 소장에서 FMN과 FAD는 단백질 분해효소나 인산 분해효소에 의해 리보플라빈으로 유리된다. 유리된 리보플라빈은 소장 상부에서 능동수송에 의해 흡수되어 장 점막세포 내에서 FMN을 형성한 후 문맥을 통해 간으로 이동된다. 간에서 FMN은 FAD로 전환되어 저장되고, 일부는 심장, 신장에 저장된다.

3) 생리적 기능

(1) 에너지 생성

FAD와 FMN은 수소와 전자의 운반체로 작용하면서 열량영양소로부터의 에너지 방출과 ATP 생성과정(피루브산이 아세틸 CoA로 산화될 때, 지방산의 β -산화과정, 아미노산의 탈아미노과정 중 암모니아의 제거반응, 전자전달계에서 수소와 전자 운반체로 작용)에 관여한다. 결국 탄수화물, 지질, 단백질의 대사에 모두 관여하기 때문에 리보플라빈 결핍상태에서는 체내 열량 영양소의 산화과정이 제대로 이루어지지 않는다.

(2) 니아신(Niacin) 합성

리보플라빈은 아미노산인 트립토판(tryptophan)으로부터 비타민인 니아신의 합성반응에 관여한다. 이외에도 비타민 B_6와 엽산의 활성화 등에 관여한다.

(3) 항산화작용

산화형 글루타티온(GSSG)을 환원형(GSH)으로 전환시키는데 필요한 글루타티온 환원효소(glutathione reductase)가 리보플라빈을 함유하고 있다.

4) 결핍증

결핍증세는 구각염, 구순염, 설염 등 주로 구강에 나타나며 코와 입 주위의 피부염, 안질, 신경계 질병, 정신착란 등이 나타난다. 경구피임약을 복용하는 여자, 당뇨병, 암, 심장병 등의 환자, 알코올중독자, 간질환자, 사회경제적 수준이 낮은 계층, 특히 노인과 청소년에게 발생하기 쉽다.

5) 급원식품

1일 권장섭취량은 남자 1.5mg, 여자 1.2mg이다. 우유 및 유제품이 리보플라빈의 가장 우수한 급원식품이며, 육류, 생선, 달걀, 두류, 곡류, 간, 버섯, 시금치, 엽채류,

브로콜리, 아스파라거스 등도 좋은 식품 급원이다. 리보플라빈도 티아민과 같이 에너지 생성과정에 관여하므로 개인의 에너지 섭취량에 따라 필요량이 요구된다.

표 8-2 리보플라빈의 급원식품과 함유량

식품명	1회분 함량(mg)	100g당 함량(mg)
칠성장어	3.60(70g)	6.00
쇠간(삶은 것)	2.46(60g)	4.10
돼지간(삶은 것)	1.32(60g)	2.20
시리얼	0.31(30g)	1.05
우유	0.28(200g, 1컵)	0.14
고등어(구운 것)	0.25(50g)	0.50
시금치	0.24(70g)	0.34

3. 니아신(Niacin)

1) 구조와 성질

체내에서 니아신 활성을 나타내는 물질에는 니코틴산(nicotinic acid)과 니코틴아미드(nicotinamide)가 있으며 흰색의 냄새 없는 결정체로서 자연계에 널리 분포되어 있다. 니아신은 니코틴아미드 아데닌 디뉴클레오티드(nicotinamide adenine dinucleotide; NAD)와 니코틴아미드 아데닌 디뉴클레오티드 포스페이트(nicotinamide adenine dinucleotide phosphate; NADP)의 두 조효소의 구성성분으로서 중요한 체내 생리작용에 기여한다.

그림 8-5 니아신의 두 가지 형태

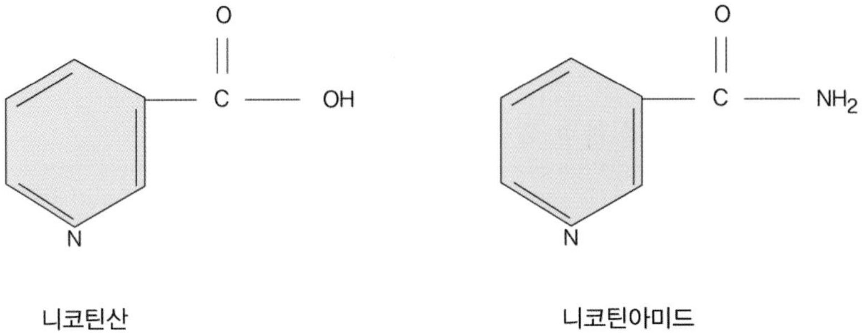

니코틴산   니코틴아미드

2) 소화, 흡수, 대사

식품 중의 니아신은 NAD, NADP의 구성성분으로 존재한다. 소화과정에서 니아신으로 유리된 후 소장에서 단순확산에 의해 흡수되어 체내에서 쉽게 NAD와 NADP로 전환된다. 니아신은 NAD와 NADP형태로 소량만이 신장, 간 및 뇌에 저장되며 여분의 니아신은 최종 대사산물로 전환되어 소변으로 배설된다. 트립토판 60mg이 니아신 1mg으로 전환되며, 이 과정에서 리보플라빈과 피리독신, 그리고 철분이 조효소로 관여한다.

3) 생리적 기능

NAD와 NADP는 체내에서 탈수소효소(dehydrogenase)의 조효소로서 수소와 전자를 전달하는 기능을 한다. 니아신이 관여하는 주요 반응은 해당과정 중에 피루브산이 아세틸 CoA로 전환될 때와 TCA 회로와 전자전달계의 반응, 지방산의 산화 등이다. 즉 니아신은 모든 조직세포에 에너지를 공급함으로써 정상적인 생명현상을 유지시켜 나가는 데 필수적인 물질이며 그 외에 수많은 생화학 반응에서 작용한다.

니아신은 체내에서 트립토판(tryptophan)으로부터 합성되므로 니아신 필요량은 니아신으로부터 충족되거나 트립토판을 섭취함으로써 만족될 수 있다.

4) 결핍증

니아신이 결핍되어 나타나는 증세는 펠라그라(pellagra)이다. 펠라그라는 4D's병이라고도 하며 진행되는 증세에 따라 붙여진 이름으로 피부병(Dermatitis), 설사(Diarrhea), 치매(Dementia), 죽음(Death) 순으로 진행된다. 주로 태양광선에 노출되는 부위에 피부염이 나타나고 입과 혀의 염증, 위장 염증이 발생하면 설사와 더불어 심한 영양부족과 정신기능 장해가 초래되어 사망에 이를 수 있다. 일반적으로는 식욕부진, 정신적 무력증, 불면, 우울증 등의 증세가 나타난다.

5) 급원식품

니아신 섭취량 단위는 니아신 등가(NE)로 표시하며 1NE는 니아신 1mg이나 트립토판 60mg에 해당된다. 1일 권장섭취량은 남자 16mgNE, 여자 14mgNE로 에너지 섭취가 감소하더라도 13mgNE 이하가 되지 않도록 해야 한다. 육포, 버섯, 쇠간, 닭고기, 돼지고기, 칠면조, 아스파라거스, 땅콩, 밀기울 등은 니아신의 풍부한 급원식품이다. 우유, 달걀류 등의 동물성 식품은 니아신 함량은 낮지만, 트립토판을 풍부하게 함유하고 있다.

표 8-3 니아신의 급원식품과 함유량

식품명	1회분 함량(mg)	100g당 함량(mg)
닭고기	7.0(60g)	11.2
참치	5.6(50g)	11.2
삼치(구운 것)	5.0(50g)	10.0
고등어	5.0(50g)	10.0
쇠고기	3.2(60g)	5.3
돼지고기	2.5(60g)	4.1
멸치	2.5(15g)	16.7

4. 비오틴(Biotin)

1) 구조와 성질

비오틴은 유레이도(ureido)고리와 티오펜(thiophene)고리가 연결되어 있고 발레릭산 (valeric acid) 곁가지를 가지는 구조이다. 체내에서 어떤 물질에 이산화탄소를 첨가하는 반응에 관여하는 카르복시화 효소(carboxylase)의 작용을 촉진하는 조효소로서 탄수화물, 지방산, 아미노산의 대사에 있어서 중요한 기능을 수행한다.

그림 8-6 비오틴의 구조

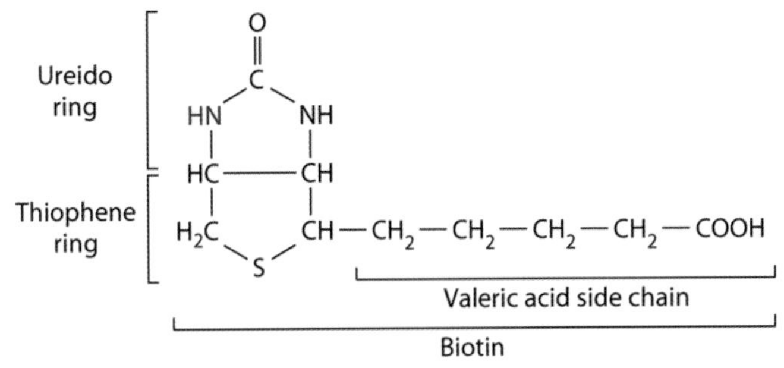

2) 소화, 흡수, 대사

단백질과 결합된 비오틴은 장내 단백질 분해효소에 의해 리신과 분리되어 유리비오틴이 된다. 유리된 비오틴은 섭취량이 적을 때에는 촉진확산에 의해, 섭취량이 많을 때에는 단순확산에 의해 흡수된다. 흡수된 비오틴은 카르복시화 효소(carboxylase)가 많은 조직에 주로 분포한다. 비오틴은 장내 미생물에 의해 합성된다.

3) 생리적 기능

① 포도당 신생합성과정 중: 피루브산(pyruvate) → 옥살로아세트산(oxaloacetate)

② 지방산 합성 중: 아세틸 CoA(acetyl CoA) → 말로닐 CoA(malonyl CoA)

③ 아미노산 분해 중: 프로피오닐 CoA(propionyl CoA) → D-메틸 말로닐 CoA(D-methyl malonyl CoA)

4) 결핍증

비오틴 결핍은 흔하게 발생하지는 않지만 생달걀의 흰자를 수개월 지속적으로서 섭취하면 나타날 수 있다. 생달걀의 흰자에는 아비딘(avidin)이라는 단백질이 있는데, 이 단백질은 비오틴의 흡수를 방해한다. 이를 생단백 상해라고 한다. 그러나 비오틴은 자연계에 존재하는 식품에 널리 존재하므로 보통 사람들이 생달걀을 가끔 섭취한다 해도 결핍증을 초래하지는 않는다. 또한 아비딘은 가열하면 불활성화 되므로 달걀을 익혀 먹으면 비오틴 흡수에는 지장이 없다. 약물(항경련제)을 장기간 복용해도 비오틴의 분해를 유발하므로 결핍증이 발생할 수 있다. 초기에 탈모, 피부발진이 나타나며 경련과 다른 신경증세로 이어진다. 어린이의 경우 성장이 지연될 수 있다.

5) 급원식품

1일 섭취권장량은 30μg이다. 비오틴이 많이 함유된 식품은 난황, 간, 땅콩, 치즈 등이다. 곡류도 비오틴 함량이 우수하지만 밀의 비오틴 이용률은 낮다.

5. 판토텐산(Pantothenic acid)

1) 구조와 성질

판토텐산은 베타-알라닌(β-alanine)과 판토산(pantoic acid)이 펩티드 결합으로 연결된 구조이며 자연계에 널리 분포되어 있는 물질이다. 체내에서 CoA의 구성성분이며 CoA는 탄수화물, 지질, 단백질 대사과정에 필수적인 조효소로 작용한다.

그림 8-7 판토텐산과 CoA의 구조

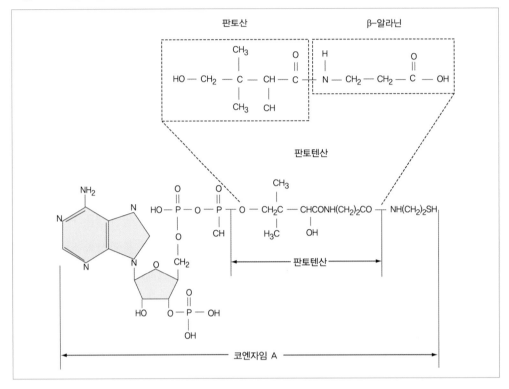

2) 소화, 흡수, 대사

판토텐산은 식품 중에 CoA의 구성성분으로 존재하며 소장에서 가수분해효소에 의해 유리된다. 유리된 판토텐산은 능동수송이나 단순확산에 의해 쉽게 흡수된 후 혈액을 통해 조직으로 운반되고 그곳에서 CoA를 형성한다. 혈장 내에서는 유리형태의 판토텐산으로 존재하며 적혈구 내에 더 많이 존재한다.

3) 생리적 기능

(1) 에너지 생성

열량영양소의 합성과 분해 그리고 에너지 방출에 CoA가 중요한 조효소로서 관여한다. 또한 CoA를 구성성분으로 갖는 아세틸 CoA(acetyl CoA)는 에너지 생성과정의 교차점에 위치하고 있으면서 많은 대사과정에 관여한다. 즉 아세틸 CoA(acetyl CoA)는 탄수화물, 지질, 단백질의 3대 영양소의 산화결과 생성되며, 미토콘드리아의 TCA 회로로 들어가 에너지를 생성하게 된다.

(2) 지방산, 콜레스테롤, 스테로이드 호르몬의 합성

지방대사에서 CoA는 콜레스테롤, 담즙, 케톤체, 지방산 및 스테로이드 호르몬의 합성에 중요한 역할을 한다.

(3) 아세틸콜린 합성

신경전달물질인 아세틸콜린 합성에 관여한다.

4) 결핍증

결핍증은 흔하지 않다.

5) 급원식품

1일 권장섭취량은 남녀 5mg이 권장되며 거의 모든 식품에 상당량 존재한다.

6. 비타민 B$_6$(피리독신, Pyridoxine)

1) 구조와 성질

비타민 B$_6$는 활성을 갖는 세 가지 물질(pyridoxine, PN; pyridoxal, PL; pyridoxamine, PM)을 포함하며 이들 물질은 서로 쉽게 전환된다. 세 가지 물질 중에서 피리독신은 대부분 식물성 식품에, 피리독살과 피리독사민은 주로 동물성 식품에 존재한다. 세포에서 이 세 가지 물질은 모두 인산화반응에 의해 각각의 인산에스테르로 전환될 수 있으며 이 중 피리독살 인산(pyridoxal phosphate; PLP)이 체내 주요한 조효소로 작용한다.

2) 흡수와 대사

식품 중의 비타민 B_6는 인산과 결합된 형태인 PLP, PMP, PNP로 존재한다. 이들은 소장 내에서 인산 분해효소에 의해 탈인산화된 후 단순확산에 의해 소장에서 흡수되어 간으로 운반된다. 간에서 PN과 PM은 각각 PNP와 PMP를 거쳐 PLP로 전환된 후 조직에 저장된다.

그림 8-8 비타민 B_6 조효소 형태

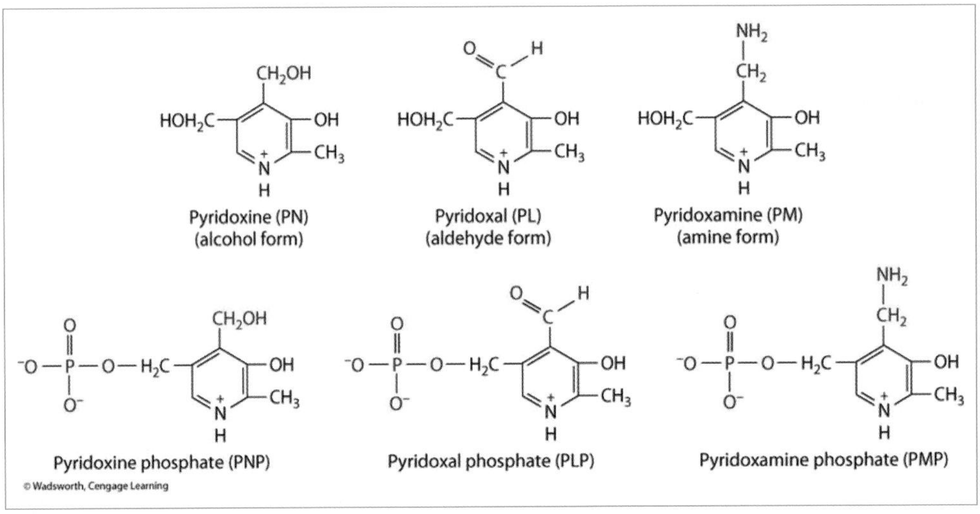

3) 생리적 기능

(1) 아미노산 대사

비타민 B_6는 아미노산의 아미노기를 한 화합물로부터 제거하여 다른 화합물에 첨가하는 아미노기 전이반응에 관여하며, 이 반응을 통해 불필수아미노산을 합성한다.

(2) 탄수화물 대사

비타민 B$_6$는 글리코겐(glycogen) 분해대사에 관여하는 효소의 조효소로 작용하여 글리코겐의 분해를 도우며, 아미노기를 전이시키고 남은 아미노산의 탄소골격으로부터 포도당이 생성되는 당 신생합성에 관여한다.

(3) 신경전달물질의 합성

트립토판으로부터 세로토닌(serotonin)을, 티로신(tyrosine)으로부터 도파민(dopamine)과 노르에피네프린(norepinephrine)을, 히스티딘(histidine)으로부터 히스타민(histamine)을 형성하는 등 신경전달물질의 합성과정에 관여한다.

(4) 적혈구의 합성

헴(heme) 합성 초기단계 효소의 조효소로 작용하여 적혈구 합성에 관여한다.

(5) 니아신 형성

트립토판이 니아신으로 전환되는 과정에서 조효소로 작용한다.

4) 결핍증

비타민 B$_6$가 결핍되면 피부염, 구각염, 설염, 근육경련, 신경장애, 신경과민, 비정상적 뇌파, 신결석, 빈혈 등이 나타난다. 비타민 B$_6$ 결핍은 노인, 만성 알코올중독자, 결핵치료제나 류머티스성 관절염 치료제, 항경련제를 장기간 복용하는 사람 등에게 나타날 수 있다.

5) 급원식품

1일 권장섭취량은 남자 1.5mg, 여자 1.4mg이다. 피리독신의 과잉섭취는 신경장애를 초래하므로 1일 100mg을 초과하지 않도록 한다. 급원식품으로는 육류, 생선류, 가금류, 난류 등 동물성 식품과 밀의 배아, 전곡, 대두, 바나나, 해바라기씨, 브로콜리, 시금치, 감자 등이 있으며 유제품에는 비교적 적게 분포되어 있다.

표 8-4 비타민 B_6 급원식품과 함유량

식품명	1회분 함량(mg)	100g당 함량(mg)
닭고기	0.56(60g)	0.94
참치	0.55(50g)	0.62
삼치(구운 것)	0.35(50g)	0.27
고등어	0.34(50g)	0.56
쇠고기	0.32(60g)	0.32
돼지고기	0.24(60g)	0.27
멸치	0.23(15g)	0.39

7. 비타민 B_{12}(코발아민, Cobalamin)

1) 구조

비타민 B_{12}는 코발트(cobalt)를 함유하고 있는 매우 거대하고 복잡한 물질이다. 비타민 중에서 금속이온을 구성성분으로 갖고 있는 유일한 요소로서 코발트는 비타민 B_{12}의 활성에 있어서 매우 중요한 역할을 한다. 상업적으로 많이 이용되는 비타민 B_{12}는 코발트 원자에 시아노기(-CN)가 결합되어 있어 시아노코발아민(cyanocobalamin)이라고도 한다.

2) 소화, 흡수, 대사

식품 중의 비타민 B_{12}는 여러 물질과 결합된 형태로 존재하므로 위에서 비타민 B_{12}가 유리되고 소장까지 R-단백질/B_{12} 복합체로 이동하여 소장 내에서 트립신에 의해 다시 비타민 B_{12}가 분리된다. 분리된 비타민 B_{12}는 내적 인자(intrinsic factor; IF)와 결합하는데, 내적 인자는 비타민 B_{12}가 회장까지 안전하게 가도록 보호하는 역할을 한다. 회장에서 세포막에 존재하는 수용체에 결합한 후 흡수되며 세포 내에서 IF와 분리된 후 트랜스 코발아민 Ⅱ(transcobalamin Ⅱ)에 결합되어 혈액을 따라 간으로 가서 저장된다.

3) 생리적 기능

(1) 메티오닌(Methionine)의 합성

비타민 B_{12}의 조효소는 호모시스테인(homocysteine)을 메티오닌으로 전환시키는 데 관여한다. 엽산과 비타민 B_{12}는 이 과정에 함께 관여하여 혈액 내 호모시스테인 수준이 저하되면 심질환의 위험을 줄일 수 있기 때문에 이 대사과정은 임상적으로도 매우 중요하다.

그림 8-9 비타민 B_{12}의 구조

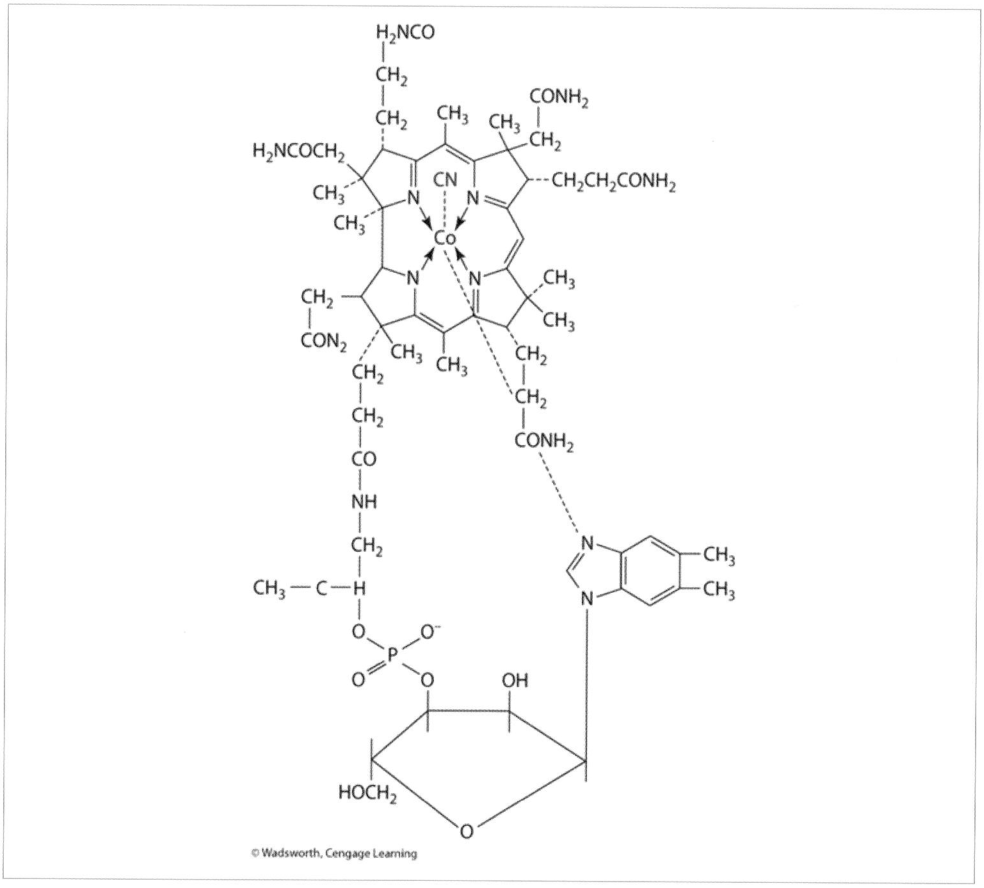

© Wadsworth, Cengage Learning

(2) 세포의 분열과 성장에 관여

엽산과 함께 퓨린(purine)과 피리미딘(pyrimidine)의 중간물질을 합성하는데 관여하여 DNA 합성과 세포분열에 기여한다. 골수에서 세포분열이 제대로 되지 않아 미성숙, 비정상적으로 큰 적혈구가 형성되어 거대적아구성 빈혈(megaloblastic anemia)을 초래한다.

(3) 숙신산(Succinate) CoA 합성

비타민 B_{12}는 메티오닌, 트레오닌, 이소류신, 발린 등의 아미노산 대사로부터 생성된 methylmalonyl CoA로부터 TCA 회로의 중간산물인 숙신산 CoA를 합성하는 과정의 조효소로 작용한다.

(4) 신경세포의 유지

신경세포의 축색돌기(axon) 주위를 감싸는 미엘린(myelin)을 형성하고 유지시켜, 결핍 시 신경계 손상이 나타난다.

4) 결핍증

비타민 B_{12} 결핍 시 나타나는 빈혈을 악성빈혈(pernicious anemia)이라고 한다. 악성빈혈은 대부분 유전적 결함으로 비타민 B_{12}의 흡수에 필수적인 내적 인자(IF)가 체내에서 합성되지 못할 때 초래된다.

유전적 결함이 없는 사람이라 하더라도 수년에 걸쳐 철저한 채식을 하면 섭취량이 부족해지면서 빈혈이 생길 수 있다. 결핍 증상으로는 창백함, 피로, 숨가쁨, 운동능력 감소 등이 있다. 환자의 대부분은 신체 말단의 따끔거림 및 무감각, 운동장애, 정신기능장애 등 신경증세를 보인다.

표 8-5 비타민 B$_{12}$ 급원식품과 함유량

식품명	1회분 함량(μg)	100g당 함량(μg)
연어(염장품)	170.4(60g)	284.0
쇠간	67.1(60g)	52.8
가다랭이	56.6(50g)	94.4
굴	16.7(80g)	20.9
돼지간	15.1(60g)	25.2
닭간	11.7(60g)	19.2
고등어	5.3(50g)	10.6

5) 급원식품

비타민 B$_{12}$는 동물성 식품에만 존재하며 인간은 장내 미생물에 의한 비타민 B$_{12}$의 합성량이 충분치 않기 때문에 식품을 통하여 섭취해야 한다. 육류, 가금류, 어패류, 난류, 우유 및 유제품 등은 모두 우수한 식품 급원이며 시리얼 등 비타민 B$_{12}$가 강화된 식품도 많이 시판되고 있다.

8. 엽산(Folic acid)

1) 구조

엽산은 프테리딘(pteridine), 파라아미노벤조산(para-aminobenzoic acid), 글루탐산(glutamic acid)의 세 가지 화합물이 서로 결합되어 이루어졌다. 생체 내에서의 조효소는 엽산에 수소원자 4개가 프테리딘 탄소에 첨가된 테트라히드로엽산(tetrahydrofolic acid; THF, THFA)이다.

그림 8-10 엽산의 구조

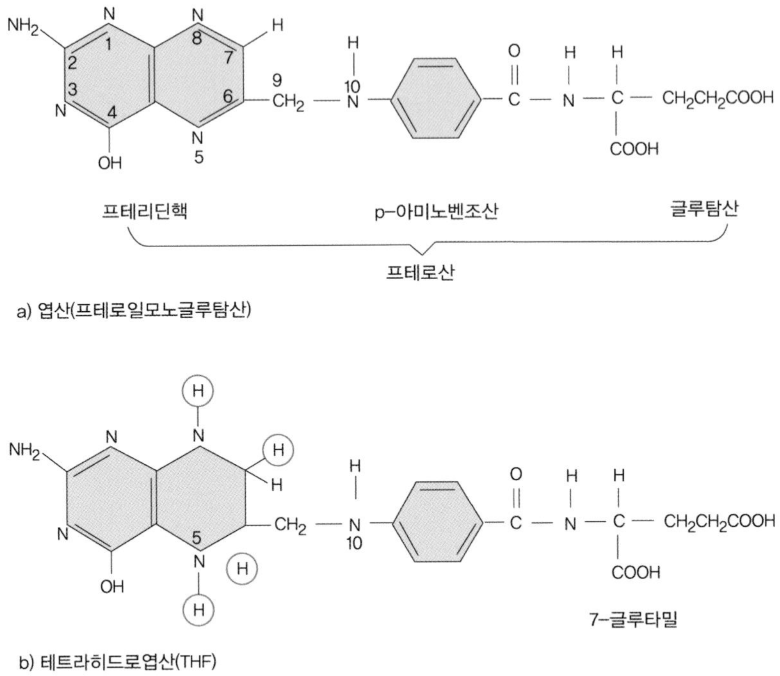

a) 엽산(프테로일모노글루탐산)

b) 테트라히드로엽산(THF)

2) 흡수와 대사

엽산은 소장에서 폴리글루타메이트(polyglutamate)형이 모노글루타메이트(monoglutamate)형으로 가수분해된 후 흡수되고 장세포 내에서 수소 4개가 결합된 THF로 전환된다. THF는 간과 다른 체세포로 운반되어 다시 폴리글루타메이트형으로 전환되어 저장된다. 체내 엽산의 반 이상이 간에 저장된다.

3) 생리적 기능

엽산의 조효소 형태인 THF는 아미노산 대사에서 생성된 단일탄소($-CH_3$, $-CH_2$, $-CH_2OH$)와 결합하여 단일탄소들이 새로운 물질의 합성에 쓰이도록 단일탄소운반체 (one carbon transfer)로 작용한다. 그 외에 퓨린(purine)과 피리미딘(pyrimidine)염기의 합성과 메티오닌(methionine)합성에 관여한다.

4) 결핍증

거대적아구성 빈혈, 설염, 설사, 정신적 혼란, 신경 이상 등의 결핍증세가 나타나며 혈장 호모시스테인 수준을 높여 동맥경화를 유발할 수 있다. 특히 임신기, 수유기, 청소년기, 노인기, 알코올중독자 등에서 나타나기 쉽다. 임신 중에 엽산이 결핍되면 태아의 신경관 결함, 조산, 사산, 저체중아 출산 등의 결과를 초래한다.

그림 8-11 거대적아구성 빈혈

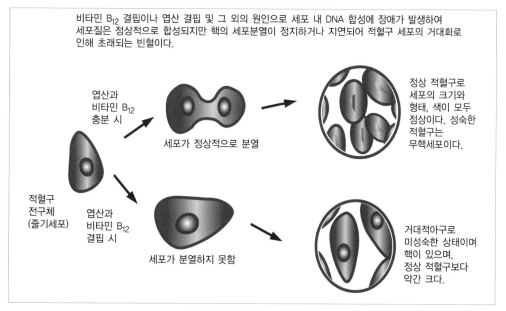

자료: 기초영양학(장유경 외, 2006)

표 8-6 엽산의 급원식품과 함유량

식품명	1회분 함량(μg)	100g당 함량(μg)
닭간	677(60g)	1,128
브로콜리	260(70g)	372
돼지간	185(60g)	259
쇠간	148(60g)	248
시금치	102(70g)	146
오렌지주스	60(200g)	30
고구마(중)	47(90g)	52

5) 급원식품

녹색채소, 간, 오렌지주스, 밀의 배아, 두류, 과일 등이 우수한 식품 급원이다. 엽산은 식품의 조리나 가공, 저장 중에 산화되기 쉽고 조리수에 용출되어 손실되기 쉽다.

9. 비타민 C(Ascorbic acid)

1) 구조와 성질

비타민 C는 화학구조가 포도당과 비슷하다. 생체에서 활성을 나타내는 형태는 환원형 엘-아스코르브산(L-ascorbic acid)과 산화형 엘-디히드로아스코르브산(L-dehydroascorbic acid)으로서 이 두 형태는 세포 내에서 상호 전환된다. 산화형은 환원형의 약 80%에 해당하는 활성을 나타낸다. 만약 산화형의 비타민 C가 더 산화되면 비타민 C 활성은 상실된다.

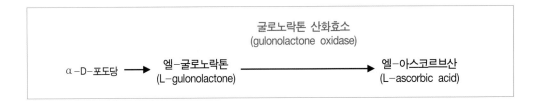

비타민 C는 산화, 광선, 고온, 알칼리 및 금속 이온에 의해 파괴되기 쉽다. 식품을 자른 표면이나 주스에 들어 있는 비타민 C는 실온에서도 공기 중의 산소에 의해 쉽게 파괴된다. 비타민 C는 가열조리에 의해 손실되므로 익히지 않은 생채소를 많이 이용하는 것이 좋다.

그림 8-12 비타민 C의 구조

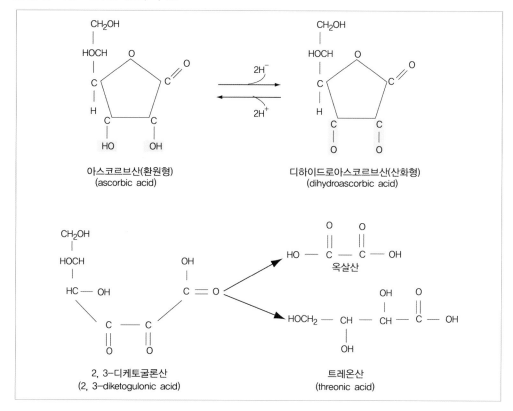

아스코르브산(환원형)
(ascorbic acid)

디하이드로아스코르브산(산화형)
(dihydroascorbic acid)

옥살산

2, 3-디케토굴론산
(2, 3-diketogulonic acid)

트레온산
(threonic acid)

2) 흡수와 대사

비타민 C는 능동수송에 의해 공장에서 흡수되며 혈액을 통해 조직으로 운반되고 초과량은 소변으로 배설된다. 뇌하수체, 부신에 비타민 C 농도가 높다.

3) 생리적 기능

비타민 C는 항산화제(antioxidant)로서 강력한 환원제의 역할을 한다. 즉 세포 내에서 일어나는 수많은 반응 중에 수소나 전자를 제공하는 역할을 행한다. 비타민 C는 또한 많은 효소의 활성을 위해 요구되지만, 비타민 B 복합체처럼 조효소가 아니라 간접적으로 효소를 활성화한다.

(1) 항산화작용

유리기(free radical)에 의한 손상방지, 불포화지방산의 산화방지 및 식품의 산패방지작용을 한다.

(2) 콜라겐(Collagen) 합성

콜라겐 전구체를 구성하는 아미노산 중 프롤린(proline)과 리신(lysine)의 수산화반응(hydroxylation)에 의해 히드록시프롤린(hydroxyproline)과 히드록시리신(hydroxylysine)이 형성되어 안정된 콜라겐 구조가 된다. 이때 비타민 C가 수산화반응의 효소활동에 필요하므로 비타민 C가 부족하면 구조적으로 안정된 콜라겐이 만들어지지 않아 괴혈병이 초래된다.

(3) 카르니틴(Carnitine) 생합성

지방산이 산화되기 위해 세포질로부터 미토콘드리아로 운반되는데, 필요한 수송화합물인 카르니틴은 비타민 C와 철의 도움으로 생합성된다.

(4) 철, 칼슘의 흡수

식품 내에 존재하는 철의 대부분은 제2철(Fe^{3+})이며 소장에서 흡수되기 위해서는 제1철(Fe^{2+})의 형태로 환원되어야 하는데, 비타민 C가 환원을 돕는다.

(5) 신경전달물질의 합성

뇌 중추신경계에서 도파민(dopamine)이 노르에피네프린(norepinephrine)이 생성될 때나 트립토판(tryptophan)이 세로토닌(serotonin)으로 생성될 때 진행되는 수산화반응에 비타민 C가 필요하다. 그 외에 갑상선 호르몬, 담즙산, 스테로이드 호르몬(steroid hormone) 합성에 관여하며 멜라닌 색소 생성을 억제하고 면역력을 강화시켜 질병을 예방한다.

4) 결핍증

비타민 C가 결핍되면 콜라겐의 합성 장애로 인하여 괴혈병이 나타난다. 임상증세로는 모세혈관이 쉽게 파열되어 잇몸 출혈, 손톱 밑 출혈, 모공 주위 출혈, 피하 출혈 등이며, 그 이외에 상처치료 지연, 면역반응 손상, 고지혈증, 빈혈 등이 나타난다. 비타민 C 결핍은 특히 흡연, 음주, 스트레스, 식이섭취 부족, 노령, 수술환자, 당뇨 및 암환자 등에게 많이 발생할 수 있다.

5) 급원식품

대부분의 채소와 과일은 비타민 C의 우수한 급원식품이다. 풋고추, 고춧잎, 피망, 케일, 양배추, 시금치 등의 채소와 오렌지, 귤, 딸기, 토마토 등은 비타민 C가 매우 풍부하다. 난류, 우유 및 유제품에는 소량 존재하며 곡류, 육류 및 생선류, 유지 및 당류에는 거의 분포하지 않는다. 우리나라의 비타민 C 섭취권장량은 성인 기준 하루 100mg이다.

표 8-7 비타민 C의 급원식품과 함유량

식품명	1회분 함량(mg)	100g당 함량(mg)
딸기	198(200g)	99
오렌지주스	80(200g)	40
풋고추	64(70g, 5개)	92
고춧잎	57(70g)	81
귤	54(100g, 큰 것 1개)	54
단감	50(100g, 중 1/2개)	50
시금치	46(70g)	66

표 8-8 수용성 비타민의 요약

비타민	생화학적인 기능	결핍증	급원식품
티아민(thiamin, 비타민 B_1)	•에너지 대사 조효소(TPP 구성성분) •오탄당인산 회로 •정상적인 신경자극	•각기병(beriberi)	돼지고기, 전곡, 강화곡류, 내장육, 땅콩, 두류
리보플라빈(riboflavin, 비타민 B_2)	•에너지 대사 조효소(FMN, FAD 구성성분) •니아신 합성 •지방분해	•구각염 •설염 •코 주위 •피부염 •눈부심	우유 및 유제품, 전곡, 강화곡류, 녹색채소, 간
니아신(niacin)	•에너지 대사 조효소(NAD, NADP 구성성분)	•펠라그라	단백질 함량이 높은 식품, 간, 버섯, 땅콩, 완두콩
비오틴(biotin)	•포도당 신생합성, 지방산 대사 중 CO_2를 운반하는 카르복시화 효소의 조효소 역할	•각질화 •피부병 •탈모 •식욕감퇴	난황, 간, 이스트, 땅콩(소화기관 내 미생물이 합성)
판토텐산 (pantothenic acid)	•에너지 대사에 관여 •지방산, 콜레스테롤, 스테로이드 호르몬의 합성 •아세틸콜린 합성	•신체 전반적인 기능 부전	대부분의 식품
비타민 B_6(피리독신, pyridoxin)	•아미노산 대사에 관여 •에너지 대사 조효소(PLP, PMP 구성성분) •신경전달물질 합성 •적혈구 합성	•피부염 •설염 •발작, 구토 •빈혈	육류, 닭고기, 연어, 바나나, 해바라기씨, 감자
비타민 B_{12}(코발아민, cobalamin)	•세포의 성장과 분열에 관여 (DNA 합성) •메티오닌 합성 •신경세포의 유지	•악성 빈혈 •거대적아구성 빈혈 •신경계 손상	동물성 식품, 굴, 조개류
엽산(folic acid)	•THF가 단일탄소와 결합 THFA 형성(새로운 물질합성) •퓨린, 피리미딘 합성	•거대적아구성 빈혈 •성장장애, 정신장애	시금치, 푸른잎 채소, 냉장육, 오렌지주스, 아스파라거스
비타민 C (아스코르브산, ascorbic acid)	•항산화작용 •콜라겐 합성 •철, 칼슘 흡수 •카르니틴 생합성 •신경전달물질 합성	•괴혈병(scurvy) •빈혈	감귤류, 자몽, 토마토, 딸기, 레몬, 고추

제**9**장

다량 무기질

다량 무기질

1. 무기질의 개념

1) 정의

자연계에 존재하는 물질 중 탄소를 함유하는 물질을 유기질, 탄소를 함유하지 않는 물질을 무기질(inorganic substance)이라고 하며 체내의 여러 생리기능을 조절·유지하는데 중요한 역할을 한다. 무기질은 단일원소 그 자체가 영양소이며, 태우면 회분, 즉 재로 남는다. 또한 무기질은 체내에서 합성이 가능하지 않기 때문에 반드시 식품을 통해 섭취해야 하며, 인체의 약 96%는 유기물질을 구성하는 탄소, 수소, 산소 및 질소로 구성되어 있고, 무기질은 인체의 4% 정도를 구성한다.

2) 분류 및 체내 분포

무기질은 신체 내에 존재하는 양을 근거로 다량 무기질(macro mineral)과 미량 무기질(micro mineral)로 분류된다. 무기질 중 칼슘(Ca), 인(P), 마그네슘(Mg), 황(S), 나트륨(Na), 칼륨(K), 염소(Cl) 등은 체내에 상당량 존재하여 다량 무기질이라고 하며, 철(Fe), 요오드(I), 망간(Mn), 구리(Cu), 아연(Zn), 코발트(Co), 플루오르(F) 등은 체내에 소량 존재하여 미량 무기질이라고 한다. 또는 하루에 식사를 통하여 섭취해야 하는 필요량이

100mg 이상인 무기질을 다량 원소 또는 다량 무기질로 분류하는 한편, 1일 필요량이 100mg 이하인 무기질은 미량 원소 또는 미량 무기질로 구분한다.

2. 칼슘(Calcium, Ca)

칼슘은 체내에 가장 많이 함유되어 있는 무기질로서 체중의 약 1.5~2.2%를 차지한다. 체중이 60kg인 성인의 경우 체내에 약 0.9~1.3kg의 칼슘을 보유하고 있다. 체내에 존재하는 칼슘의 99% 이상이 골격과 치아를 구성하며 1% 미만은 혈액 및 체액에 존재하면서 여러 중요한 생리적 조절작용을 한다.

1) 흡수와 대사

(1) 흡수

성인의 경우, 식사로 섭취하는 칼슘의 약 10~30%가 흡수되나, 흡수율은 체내 칼슘 보유량, 연령, 성별 등의 여러 요인에 의해 달라진다. 칼슘은 주로 십이지장에서 능동수송을 통해 흡수되고 공장과 회장에서는 수동적 확산에 의해 흡수된다.

① 칼슘의 흡수를 증가시키는 요인들
- 소장 상부가 산성 환경일 때 칼슘의 용해도가 높아져 흡수가 증가된다.
- 유당은 젖산을 생성하여 장내의 산도를 낮추어 흡수율이 증진된다(우유는 칼슘과 젖당이 함께 있어 좋다).
- 비타민 D는 소장에서 칼슘결합단백질의 합성을 촉진시켜 흡수를 증가시키며 비타민 D 자체는 골격조직에 칼슘과 인의 축적을 돕는다. 비타민 C도 칼슘의 흡수를 증진시킨다.
- 체내에서 칼슘 요구량이 큰 성장기, 임신기, 수유기 때에는 흡수가 증가된다.
- 혈중 칼슘 이온의 농도 감소 시, 부갑상선 호르몬이 분비되면 비타민 D가 활성형으로 전환되어 칼슘의 흡수가 증가된다.

- 섭취한 식품 중 칼슘과 인의 비율이 1 : 1 정도일 때 칼슘의 흡수율은 최대가 된다.

② 칼슘의 흡수를 방해하는 요인들
- 소장 하부의 알칼리성 환경
- 수산, 피틴산, 타닌은 칼슘과 결합하여 불용성염을 형성하여 칼슘의 흡수를 방해한다. 수산은 녹색채소와 과일, 피틴산은 곡류, 타닌은 차에 다량 함유되어 있다.
- 비타민 D 결핍
- 다량의 식이섬유소, 지방은 칼슘과 불용성 화합물을 형성하여 대변으로 배설되므로 칼슘 흡수를 방해한다.
- 과량의 인, 철분, 아연
- 폐경(에스트로겐 감소)
- 노령기

(2) 항상성

흡수된 칼슘은 혈액을 따라 운반되며 체액 중에 방출된다. 혈액 중 칼슘은 필요한 곳에 바로 공급하여 정상적인 대사가 일어날 수 있도록 항상 일정한 농도(8.5~11mg/100mL)를 유지하도록 잘 조절된다. 이를 칼슘의 항상성이라고 하며 혈액 내의 칼슘 균형은 부갑상선 호르몬(parathyroid hormone; PTH), 비타민 D(calcitriol), 칼시토닌(calcitonin)에 의해 조절된다. 혈액의 칼슘 농도가 정상수준 이하로 떨어지는 경우 부갑상선에서 부갑상선 호르몬이 분비되고 부갑상선 호르몬은 신장에서 칼슘 이온의 재흡수를 촉진하며, 골격세포에서 칼슘을 용출하여 혈중 칼슘 농도를 증가시킨다. 또한 부갑상선 호르몬에 의해 신장에서 비타민 D는 활성형인 $1,25(OH)_2$-비타민 D_3(칼시트리올, calcitriol)로 전환된다. 활성형 비타민 D는 소장에서 칼슘의 흡수를 증가시켜 혈액의 칼슘 농도를 증가시킨다.

반대로, 혈액의 칼슘 농도가 정상수준 이상으로 상승하면 갑상선에서 칼시토닌(calcitonin)이 분비되어 뼈에서 칼슘이 유출되는 것을 저해하고 신장에서 칼슘배설을 증가시킨다.

그림 9-1 혈액 내 칼슘농도의 조절

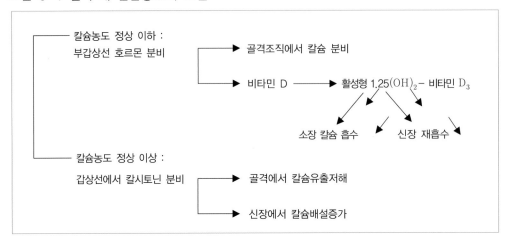

2) 생리적 기능

(1) 골격과 치아의 구성

신체 내 칼슘의 가장 주된 기능은 골격과 치아를 구성하고 유지하는 것이다. 골격은 기본적으로 두 가지 형태의 뼈로 이루어진다. 바깥층은 치밀골로서 아주 조밀하고 단단한 반면, 안쪽의 해면골은 혈액이 통하는 곳으로 스펀지처럼 부드러운 조직으로 되어 있다. 혈액 무기질 농도의 항상성에 관여하는 칼슘은 해면골에 저장되어 있고 필요에 의하여 칼슘을 혈액으로 용출시킴으로써 혈중 칼슘 농도의 항상성에 관여한다.

(2) 혈액응고

칼슘은 혈액이 응고하는 과정에 필수적인 역할을 한다. 혈소판에서 트롬보플라스틴(thromboplastin)을 방출시켜 프로트롬빈(prothrombin)을 트롬빈(thrombin)으로 전환시키고, 트롬빈(thrombin)은 피브리노겐(fibrinogen)을 피브린(fibrin)으로 전환시켜 혈액이 응고되는데, 이 모든 과정에 칼슘이 관여한다.

(3) 신경전달물질의 방출

신경세포와 근육 사이에 자극을 전달하려면 신경전달물질이 분비되어야 하는데,

칼슘은 이러한 신경전달물질의 방출을 촉진시켜 신경전달작용에 기여한다.

(4) 근육의 수축 및 이완작용

칼슘은 근육의 수축 시 액토미오신(actomyosin)을 형성하는 과정에 필요하며, 골격 근육과 심장근육의 수축에 관여하게 된다.

3) 결핍증

혈액 내 칼슘 감소는 저칼슘혈증(hypoglycemia)을 일으키고, 경련, 근육수축, 신경 활성의 증가가 나타난다. 성장기에 칼슘 섭취가 부족하면 뼈의 석회화가 감소되므로 후에 뼈의 손실이 더 빨리 생긴다.

(1) 구루병(Rickets)

성장기에 칼슘의 섭취가 충분치 못한 경우 뼈가 단단하게 석회화되지 못하여 체 중을 지탱하지 못해 다리가 휘거나 관절부위가 확대되어 굵어지고 가슴뼈가 튀어나 오는 등의 골격기형 및 성장지연이 발생한다.

(2) 골다공증(Osteoporosis)

성인의 경우 뼈로부터 칼슘용출이 많아져 골질량의 감소가 심해지면 뼈조직이 가 늘어지고 작아지며 내부조직에 구멍이 생기는 골다공증이 발생한다.

(3) 골연화증(Osteomalacia)

골격 내 무기질 부족으로 뼈가 연화되어 뼈의 크기는 정상적 골격과 동일하지만 뼈 속의 칼슘이 많이 빠져나가 뼈의 밀도가 현저히 감소하게 된다.

4) 급원식품

칼슘의 1일 권장섭취량은 성인 남녀 700mg이다. 우유 한 잔(1인 1회 분량)에는 이 것의 약 30%에 해당하는 200mg이 함유되어 있다. 우유 및 유제품에는 칼슘 및 젖당이 함께 들어 있고, 비타민 D 강화우유도 나오고 있다. 뼈째 먹는 생선, 굴 및 해조류도 좋은 식품 급원이지만 흡수율은 우유보다 낮다. 콩은 칼슘 함량은 낮지만, 두부의 제조과정에 칼슘이 간수로 첨가되어 칼슘 함량이 비교적 높다.

표 9-1 칼슘의 급원식품과 함유량

식품명	1회분 함량(mg)	100g당 함량(mg)
우유	200(200g, 1컵)	100
요구르트(호상)	183(110g, 1개)	166
말린 잔멸치	137(15g, 1/4컵)	913
두부	127(80g, 1/5모)	159
가공치즈	127(20g, 1장)	633
아이스크림	122(100g, 1/2컵)	122
꽁치통조림	99(50g, 1토막)	198

3. 인(Phosphorus, P)

인은 신체 내 모든 조직에 존재하는 무기질로서 체중의 0.8~1.2%를 차지한다. 체내 인의 85%는 칼슘과 결합하여 신체의 골격을 유지하고 나머지 15%는 근육, 뇌, 신경, 간, 폐 및 체액 등 여러 세포 내에서 필수성분으로 존재하여 에너지를 생성하고, 조직을 구성하고, 보수하며, 완충제로서 작용한다. 체내에서 인은 인단백질, 인지질 등을 형성하고 있다.

1) 흡수와 대사

인은 장에서 흡수되어 혈액을 거쳐 뼈나 치아에 축적되고, 그 외 체조직으로 이동하여 이용된다. 뼈와 체조직 내의 인은 혈청 내 수준이 낮아지면 다시 방출되어 혈액으로 이동되어 나온다. 체내 인의 양은 흡수율보다도 신장을 통해 배설 또는 재흡수됨으로써 조절된다.

(1) 인의 흡수를 증가시키는 요인들

① 인의 흡수율은 60~70%이며 칼슘과 비타민 D는 인의 흡수를 촉진한다. 칼슘과 인의 함량이 1 : 1일 때 가장 흡수가 잘 되며, 칼슘에 비해 인의 섭취량이 증가하면 신체는 불균형을 바로잡기 위해 뼈로부터 칼슘을 용출시켜 혈액으로 보내고, 그 결과 골격 형성에 부정적인 영향을 미쳐 골격이 약해질 위험이 있다.

② 알칼리 조건에서는 인산염이 용해되지 않으므로 인의 흡수는 산성조건을 유지하는 소장 상부에서 이루어진다.

(2) 인의 흡수를 방해하는 요인들

① 마그네슘이나 철 등의 무기질을 다량 섭취하여도 인이 이들과 불용성염을 만들어 흡수가 방해된다. 즉 알루미늄, 마그네슘이 포함된 제산제는 장에서 인과 결합하여 인의 흡수를 감소시킨다.

② 피틴산도 인의 흡수를 방해한다.

2) 생리적 기능

(1) 골격과 치아의 구성

체내에 존재하는 인의 대부분은 칼슘과 결합한 인산칼슘의 형태로 골격과 치아조직에 함유되어 뼈와 치아를 단단하게 해준다.

(2) 에너지 대사

탄수화물, 단백질, 지질이 산화되어 에너지를 방출하는데 필수물질인 고에너지 결합인 ATP(adenosinetriphosphate)는 인을 함유하고 있다. 이와 같이 신체는 고에너지 인산결합 내에 에너지를 갖고 있다가 필요시 사용하게 된다.

그림 9-2 ATP의 고에너지 인산결합

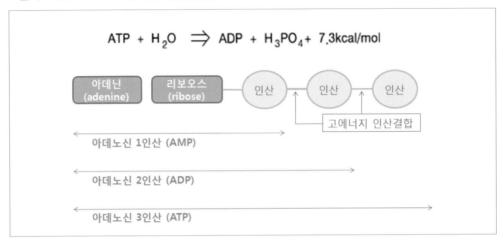

$$ATP + H_2O \Rightarrow ADP + H_3PO_4 + 7.3kcal/mol$$

(3) 비타민 및 효소의 활성화

티아민(thiamin), 니아신(niacin), 피리독신(pyridoxine) 같은 비타민이 조효소로 작용하기 위해서도 우선 인산화되어야 한다. 피리독신과 결합하여 활성화된 피리독살인산(pyridoxalphosphate; PLP)은 아미노산의 흡수를 촉진시키고 아미노산의 대사에 관여한다.

(4) 신체 여러 물질의 구성분자

인은 유전과 단백질 합성에 필수적인 핵산(DNA, RNA)의 구성성분이며, 세포막을 구성하는 인지질과 혈장 및 신경계의 구성성분이기도 하다.

(5) 완충작용

인산이나 인산염은 혈액의 산염기를 조절하는 완충제(buffer)로서 작용한다.

3) 결핍증

인은 자연계에 널리 분포하여 결핍증이 발생하는 경우는 많지 않다. 장질환(sprue, celiac disease : 소아 지방변증)에 의해 흡수가 저해되는 경우 혈청 내 인의 수준이

낮아져 저인산혈증이 유발되기도 한다. 인이 결핍되거나 칼슘과 인의 섭취량의 균형
이 맞지 않으면 어린이의 경우 성장이 지연되거나 뼈가 기형이 되고 치아의 모양이
나 구성에 변형이 올 수 있다. 성인의 경우 골연화증이나 골다공증이 발생한다.

4) 과잉증

신장기능 부진의 경우 저인산혈증이 되며, 혈청 내 인산이 과잉 축적되어 칼슘과
인의 비율이 낮아지고 결국 근육경련증이 초래된다.

- 근육경련증(tetany): 혈액 칼슘 농도의 저하로 말초신경과 근육이 접합되는 부위
  의 흥분성이 높아져 가벼운 자극으로도 손, 발, 안면의 근육이 수축되고 경련을
  일으키는 상태를 나타낸다.

5) 급원식품

인은 자연계에 널리 분포되어 있고, 특히 우유 및 유제품, 육류 등의 동물성 식품
이 우수한 급원식품이다. 현미나 전곡류에는 인이 많이 함유되어 있으나 흡수율은
낮다. 인의 1일 섭취권장량은 성인 기준 700mg/day이고, 이는 칼슘의 권장량과 같은
양이다.

표 9-2 인의 급원식품과 함유량

식품명	1회분 함량(mg)	100g당 함량(mg)
쇠간 삶은 것	242(60g, 1접시)	404
우유	190(200g, 1컵)	956
가공치즈	169(20g, 1장)	844
말린 잔멸치	147(15g, 1/4컵)	977
검정콩	126(20g, 2큰술)	629
돼지고기 등심	112(60g, 1접시)	187
아이스크림	110(100g, 1/2컵)	110

4. 마그네슘(Magnesium, Mg)

성인의 체내에는 약 30g의 마그네슘이 함유되어 있고 이 중 60%가 골격과 치아의 구성성분으로 탄산이나 인과 복합체를 형성하고 있으며, 나머지는 주로 근육, 간과 같은 연조직에 분포되어 있으며 혈액에 양이온의 상태로 존재한다. 마그네슘은 식품의 녹색채소인 엽록소의 구성 원소이므로 대부분의 식물성 식품에 풍부하게 존재한다.

1) 흡수와 대사

마그네슘의 흡수는 주로 소장에서 일어나 흡수율은 40~60% 정도이다. 그러나 마그네슘의 섭취가 부족할 경우 흡수율은 80%까지 증가하며 알칼리에 의해 흡수율은 감소한다.

혈중 마그네슘의 농도는 신장의 재흡수율을 조절함으로써 일정하게 유지된다. 배설은 대부분 담즙을 통해 일어나며 나머지는 소변과 땀으로 빠져나간다. 대변을 통해 배설되는 마그네슘의 대부분은 흡수되지 않는 식이 마그네슘이다.

2) 생리적 기능

(1) 골격과 치아의 구성

체내에 존재하는 마그네슘의 60%는 골격과 치아 구성에 필수적인 물질이다.

(2) 에너지 대사

포도당과 지방산 대사, 아미노산 대사, 핵산 합성, ATP 합성 등에 중요한 역할을 하며 단백질 합성 및 에너지 대사 등 여러 반응에 관여한다.

(3) 세포의 신호전달

칼슘, 칼륨, 나트륨과 함께 신경자극 전달과 근육의 수축 및 이완작용을 조절한다. 마그네슘과 칼슘은 서로 상반되는 작용을 하여, 칼슘은 근육을 긴장시키고 신경을 흥분시키는 반면, 마그네슘은 근육을 이완시키고 신경을 안정시키는 효과가 있어 마취제와 항경련제로 사용된다.

3) 결핍증

마그네슘은 자연계에 널리 분포되어 있어 결핍증이 흔하게 발생하지는 않는다. 흡수 불량, 심한 구토, 설사, 이뇨제 사용, 알코올 중독, 신장병, 급성 췌장염, 간경화증 등으로 인해 장기간 마그네슘 섭취가 부족한 경우 불규칙적인 심장박동, 근육약화, 발작, 정신착란, 불안정 등의 신경성 근육경련(마그네슘 테타니)이 발생하기도 한다.

4) 과잉증

신장기능의 저하로 인해 마그네슘이 과잉되는 상태에는 설사, 근육약화, 메스꺼움, 권태 등이 나타나며 심한 경우 혼수, 사망에 이르기도 한다.

5) 급원식품

1일 섭취권장량은 남자 340mg, 여자 280mg이다. 마그네슘은 엽록소의 구성성분이므로 채소를 비롯한 식물성 식품에 많이 함유되어 있다. 코코아, 견과류, 대두, 전곡 등은 특히 마그네슘이 풍부하지만 이 중 전곡류, 시금치에 존재하는 수산, 피틴산 등이 마그네슘의 흡수율을 감소시킨다.

표 9-3 마그네슘의 급원식품과 함유량

식품명	1회분 함량(mg)	100g당 함량(mg)
콩가루	93(30g, 5큰술)	310
시금치	73(70g, 1/3컵)	104
무청	41(70g, 1/3컵)	58
아몬드	29(10g, 1접시)	294
밀가루	20(90g, 1컵)	22

5. 나트륨(Sodium, Na)

1) 흡수와 대사

나트륨은 소장에서 쉽게 흡수되며 여분의 나트륨은 주로 신장을 통해 배설되고 일부는 대변을 통해 배설되며 또한 소량(약 0.5~3g/L)은 피부를 통하여 땀으로도 배출된다.

혈중 나트륨의 항상성은 부신피질에서 분비되는 호르몬인 알도스테론(aldosterone)의 작용에 의해 신장을 통해 이루어진다. 체내의 나트륨 함량이 저하되어 혈액량이 감소되면 알도스테론의 분비가 촉진되어 신장에서 나트륨의 재흡수를 촉진하여 체내의 나트륨과 수분량을 증가시킨다.

2) 생리적 기능

(1) 세포막의 전위유지

나트륨의 농도는 세포 밖에서 높고, 칼륨은 세포 안에서 농도가 높다. 이러한 농도차이에 의해 막전위가 형성되어서 신경자극의 전달, 근육수축과 심장기능 유지가 조절된다.

(2) 수분 및 산염기의 평형조절

나트륨의 농도에 따라 세포 내외의 삼투압에 의해 수분이 이동한다. 세포 내외의 삼투압은 주로 나트륨과 칼륨에 의해 조절된다. 세포 외액의 나트륨과 칼륨의 비율이 28 : 1, 세포 내액의 나트륨과 칼륨의 비율이 1 : 10으로 유지될 때, 혈장 및 세포 내의 삼투압이 정상적으로 유지된다. 또한 나트륨은 양이온으로서 산·염기 평형에 관여하여 세포 외액의 정상적인 pH 유지를 돕는다.

그림 9-3 혈압 조절기전

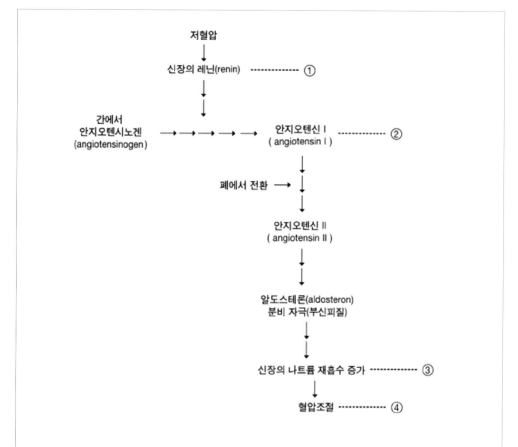

① 신장에서 유입되는 혈관의 혈압이 떨어지면 신장에서 레닌을 분비한다.
② 혈액으로 분비된 레닌은 안지오텐시노겐을 안지오텐신 I으로 활성화시키고 안지
   오텐신 I은 폐에서 안지오텐신 II로 전환된다.
③ 안지오텐신 II는 강력한 혈관수축 물질이며 이는 부신피질에서 알도스테론의 분비
   를 촉진시켜 세뇨관에서 나트륨의 재흡수를 촉진시킨다.
④ 나트륨의 재흡수가 증가되면 혈액량이 증가되므로 혈압을 상승시킬 수 있다.

(3) 영양소의 흡수와 수송

나트륨은 능동수송을 통해 포도당, 아미노산과 함께 세포막의 운반체에 결합한 후
나트륨의 농도차에 의해 세포 안으로 들어간다.

3) 결핍증

나트륨은 대부분의 식품에 약간씩 함유되어 있어 결핍증은 거의 발생하지 않는다. 그러나 오랫동안 심한 설사, 구토, 땀, 부신피질의 기능 부전 등에 의해 체내의 나트륨 함량이 낮아지면 세포 외액의 나트륨 농도가 낮아져 세포 외액이 세포 내로 이동하고 혈액량이 감소되고 혈압이 낮아진다. 나트륨이 결핍되면 성장감소, 식욕부진, 모유분비의 감소, 근육경련, 메스꺼움, 설사, 두통 등의 증세를 나타낸다.

4) 과잉증

나트륨을 장기간 과잉섭취하면 고혈압, 심장질환과 부종이 나타난다. 과다한 나트륨의 섭취는 수분평형을 조절하기 위해 혈액의 부피가 증가하고 혈액이 증가하면 나트륨-칼슘 펌프($Na^+ - K^+$ pump)의 활성이 감소하여 세포 내액의 나트륨 농도가 높아진다. 따라서 심근수축이 증가하고 혈관의 저항이 증가하여 고혈압을 일으킨다.

5) 급원식품

나트륨은 동물성 식품에 많이 함유되어 있다. 식품을 가공할 때 나트륨을 첨가하므로 대부분의 가공식품은 나트륨함량이 높다. 미국에서는 나트륨 섭취량을 2,300mg/day로 제한하고 있으며, 우리나라도 비교적 나트륨 섭취량이 높은 편이므로 자제하는 것이 바람직하다. 나트륨 충분섭취량은 1.5g으로 정하고 하루 섭취가 2.0g을 넘지 않

표 9-4 나트륨의 급원식품과 함유량

식품명	1회분 함량(mg)	100g당 함량(mg)
자반고등어	1,046(50g, 1토막)	2,091
라면	905(90g, 1개)	1,005
햄	600(60g, 1접시)	1,000
말린 잔멸치	488(15g, 1/4컵)	3,250
어육소시지	394(60g, 1인분)	656
베이컨	282(40g, 1접시)	706
식빵	267(100g, 3쪽)	267

도록 권장한다. 소금은 나트륨과 염소의 비율이 40 : 60으로 구성되어 있으므로 우리 나라 사람의 하루 평균 식염섭취량이 12~20g인 것에 기준하면 나트륨 섭취량은 5 ~8g 정도이다.

6. 염소(Chloride, Cl)

염소는 세포 외액에 존재하는 가장 중요한 음이온이며, 위액에 다량 존재하고 나 트륨과 결합하여 소금의 형태로 섭취하게 된다. 또한 위산인 염산(HCl)의 구성성분 이다.

1) 흡수와 대사

염소 이온은 나트륨, 칼륨과 함께 소장에서 쉽게 흡수되며, 주로 신장을 통해 배설 되며 일부는 땀으로 배설된다. 염소는 나트륨과 마찬가지로 알도스테론(aldosterone)에 의해 조절된다.

2) 생리적 기능

염소는 수소 이온과 결합하여 염산을 형성하는데, 염산(HCl)은 위액의 중요 구성 성분으로 펩시노겐(pepsinogen)을 펩신(pepsin)으로 전환시킨다. 나트륨과 마찬가지로 체액의 수분균형과 삼투압 조절에 관여한다.

3) 결핍증

염소는 식사를 통해 소금의 형태로 섭취하게 되므로 결핍증은 잘 발생하지 않는 다. 그러나 잦은 구토, 탈수, 위장질환 등에 의해 결핍증이 발생하는 경우, 체액이 알 칼리화 되어 심하면 사망한다.

4) 과잉증

체내의 염소 보유량이 증가하면 나트륨 이온의 보유량도 증가되어 고혈압을 일으킨다.

5) 급원식품

성인의 경우 충분 섭취량은 2.3g으로 대부분의 경우 염소는 나트륨과 함께 존재하므로 나트륨의 섭취가 적절하면 염소 역시 충분히 공급된다.

표 9-5 염소의 급원식품과 함유량

식품명	1회분 함량(mg)	100g당 함량(mg)
된장에 절인 무	4,060(70g, 1접시)	5,800
라면	2,732(90g, 1개)	3,035
오이지	2,380(70g, 1접시)	3,400
소시지	1,440(60g, 1개)	2,400
자반고등어	1,200(50g, 1토막)	2,400
소금에 절인 배추	1,104(40g, 1접시)	2,760
무 절인 것	912(40g, 1접시)	2,280

7. 칼륨(Potassium, K)

칼륨은 칼슘, 인 다음으로 체내에 많이 존재하고 나트륨의 2배 정도이다. 대부분의 칼륨은 세포 내에 존재하므로 혈청 칼륨의 양은 섭취량에 의해 영향을 받으며 체조직이 파괴될 경우 혈액 내 칼륨이 상승한다.

1) 흡수와 대사

칼륨은 소장 벽을 통하여 쉽게 흡수된다. 칼륨은 소화액의 성분으로 소장으로 배출되는데, 대부분이 재흡수되고 소량만이 대변으로 배설된다. 나트륨-칼륨 펌프(Na^+ $-K^+$ pump)에 의해 세포 외액과 내액의 양이온 평형이 유지된다.

2) 생리적 기능

(1) 막전위 유지 및 근육수축

칼륨은 나트륨과 함께 막전위를 형성하여 신경전도, 근육수축, 심장기능의 유지에 필수적인 역할을 한다.

(2) 수분 및 산염기의 평형 조절

칼륨은 세포 내액의 주된 양이온으로 세포 외액의 주된 양이온인 나트륨과 함께 체액의 삼투압과 수분균형에 관여한다. 또한 산·염기 평형에도 기여한다.

(3) 탄수화물과 단백질 대사에 관여

혈당이 글리코겐으로 전환될 때 칼륨이 필요하며 세포 단백질 내에 질소를 저장할 때에도 필요하다.

3) 결핍증

칼륨은 모든 동물성 식품에 널리 분포되어 있으며, 결핍증은 흔하게 발생하지 않는다. 그러나 지속적인 구토, 설사, 알코올 중독, 위의 절제, 위장질환, 이뇨제 복용, 저열량식사, 영양실조인 경우에 나타날 수 있다. 저칼륨혈증은 식욕부진, 근육약화, 근육경련, 무관심, 정신착란, 불규칙한 맥박 등의 증상을 일으키며 결국 생명에도 지장이 온다.

4) 과잉증

식사를 통해서는 고칼륨혈증이 발생하지 않지만, 신장기능이 약한 경우에 혈중 칼륨 수준이 상승하여 심장기능을 방해하고 심장박동을 느리게 하여 결국 사망하게 된다. 고칼륨혈증은 근육과민, 혼수, 불규칙적인 심장운동, 호흡곤란, 사지마비 등의 증상을 나타낸다.

표 9-6 칼륨의 급원식품과 함유량

식품명	1회분 함량(mg)	100g당 함량(mg)
감자	515(130g, 중 1개)	396
고구마	386(90g, 중 1/2개)	429
바나나	335(100g, 중 1/2개)	335
근대	268(70g, 1/3컵)	382
돼지고기 등심	182(60g, 1접시)	304
말린 잔멸치	172(15g, 1/4컵)	1,140
복숭아 백도	133(100g, 중 1/2개)	133

5) 급원식품

칼륨은 자연계에 널리 분포되어 있으며, 특히 콩류, 곡류, 과일 및 채소류, 감자, 육류 등에 많이 함유되어 있다.

8. 황(Sulfur, S)

황은 체내에서 비타민이나 아미노산의 구성성분으로 존재한다. 황은 신체의 모든 세포 내에서 발견되며 체조직 및 생체 내 주요물질의 구성성분이다.

1) 흡수와 대사

식품 중의 황은 대부분이 유기물 상태로 소장벽을 통해 흡수된다. 황 함유 아미노산이 대사되면 황산 음이온이 생성되어 신장에서 칼슘의 재흡수를 낮추는 역할을 한다. 따라서 동물성 단백질을 과잉섭취하면 소변으로 칼슘 배설이 증가한다.

2) 생리적 기능

아미노산인 메티오닌(methionine), 시스테인(cysteine), 시스틴(cystine), 비타민인 티아민(thiamin), 비오틴(biotin), 그 외 헤파린(heparin), 인슐린(insulin), 코엔자임 A(co-enzyme A)의 구성성분이고, 머리카락이나 손톱을 이루는 케라틴(keratin) 단백질의 성분이다. 즉 인체 내 결체조직, 피부, 손톱, 모발 등과 연골, 힘줄, 골격, 심장판막과 간, 신장, 활액막, 뇌의 백질의 구성성분이다. 또한 황은 글루타티온의 구성성분으로 생체 내에서 산화, 환원 반응에 관여하며 산염기 균형에 기여한다.

3) 결핍증

함황아미노산인 메티오닌 결핍으로 인하여 결핍증이 발생하며 증상은 빈혈, 저단백혈증, 내출혈, 간세포의 괴사, 성장지연, 음의 질소평형 등이 있다.

4) 급원식품

육류, 우유, 난류, 두류 등이며 대부분 함황아미노산이 풍부한 식품을 통해서 얻어진다.

표 9-7 황의 급원식품과 함유량

식품명	1회분 함량(mg)	100g당 함량(mg)
돼지고기	180(60g, 1접시)	300
밀가루	171(90g, 1컵)	190
쇠고기 로스용	162(60g, 1접시)	270
닭고기	153(60g, 1접시)	255
통밀	144(90g, 1컵)	180
보리	135(9g, 1컵)	150
콩가루	123(10g, 5큰술)	410

표 9-8 다량 무기질의 요약

영양소	생화학적 기능	결핍증	과잉증	급원식품
칼슘	•골격과 치아의 구성성분 •혈액응고 •근육수축 •신경전달	구루병, 골연화증, 골다공증	신결석	우유 및 유제품, 뼈째 먹는 생선, 녹색채소, 칼슘 강화식품
인	•골격과 치아의 구성성분 •에너지 대사 •비타민과 효소의 활성화 •신체물질 구성성분 (DNA, RNA) •산·염기 평형	특별한 것은 없지만 골격손상 가능성	신부전의 경우 골격손실가능	유제품, 어육류, 곡류, 제빵류, 탄 산음료
마그네슘	•골격과 치아의 구성성분 •에너지 대사 •신경, 심근에 작용	허약, 근육경련, 심 장기능약화, 신장 장애	신부전의 경우 허약증세 야기	전곡, 녹황색 채 소, 견과류, 초콜 릿, 콩류
나트륨	•세포막의 전위 유지 •산·염기 평형 •삼투압 조절 •신경자극전달	저혈압, 성장감소, 식욕부진, 근육경련	고혈압, 요(尿) 중 칼슘 손실 증가	식탁염, 가공식 품, 양념류, 스낵 과자류, 베이킹 파우더, 육류
염소	•위산의 구성성분 •삼투압 조절 •산·염기 평형 •신경자극전달	유아-혼수상태	나트륨과 결합 하여 고혈압 발생	식탁염, 가공식품
칼륨	•삼투압 조절 •산·염기 평형 •신경자극전달	식욕부진, 근육약화, 근육경련, 정신 착란	신장기능 허약 -심장박동 느림, 근육과민, 혼수	시금치, 호박, 바 나나, 오렌지주 스, 토마토, 콩 류, 전곡, 육류, 우유
황	•세포단백질 및 비타민의 구성성분 •산·염기 평형	결핍증이 발견되지 않음	흔치 않음	단백질 식품

제 **10** 장

미량 무기질

미량 무기질

미량 무기질은 하루 필요량이 매우 소량이며, 체내에 존재하는 전체 무기질 중에서 1% 이하로 존재하나 인체의 생명유지에 필수적인 영양소이다. 미량 무기질의 흡수는 식품에 함유된 양뿐만 아니라 생체이용률에 따라 달라진다. 미량 무기질의 흡수에 영향을 미치는 요인은 무기질의 종류에 따라 크게 다르지 않으며 흡수 저해인자와 흡수 촉진인자로 나눌 수 있다. 식물성 식품에 함유된 미량 무기질은 대체로 흡수가 낮은 편이나 동물성 식품에 함유된 무기질은 흡수율이 높다.

1. 철분(Iron, Fe)

철분은 체내에 체중 kg당 45mg 정도 함유되어 있어 성인의 체내에 약 2~4g 존재한다.

1) 흡수와 대사

(1) 흡수

식품 중의 철분은 헴철(hemo iron)과 비헴철(non-hemo iron)의 두 가지 형태로 존재하는데, 헴철은 식품에 들어 있는 철분의 약 10%에 불과하지만 흡수율은 15~20%

정도로 비헴철에 비하여 매우 높다. 일반적인 식사를 통해 섭취한 철분의 대부분을 차지하는 비헴철은 흡수율이 약 5%로 매우 낮다. 비헴철은 유기분자와 결합한 Fe^{3+}로 존재하는데, 이는 위의 산성용액에서 용해되며 Fe^{2+}로 환원된 후 아미노산, 과당, 아스코르브산 등과 결합하여 서서히 소장 상부, 주로 십이지장에서 흡수된다. 반면에 헴철은 Fe^{2+}의 형태로 식품의 heme 구조 속에 존재하므로 소장에서 쉽게 흡수되고 비헴철에 비하여 상대적으로 흡수가 잘된다.

① 철분 흡수를 촉진시키는 요인

헴철(육류, 가금류, 어류 등 동물성 식품), 저장 철 분량이 저하된 경우, 성장기, 가임기, 임신부, 빈혈 환자 등 신체의 요구량이 증가할 때와 당, 비타민 C, 위산 등이다.

② 철분 흡수를 방해하는 인자

피틴산, 옥살산 등 식물성 식품의 성분, 차의 타닌 성분, 저장 철 분량의 증가, 감염 및 위장 질환, 위산 분비의 저하 등이다. 이외에도 칼슘, 아연, 니켈, 망간과 같은 다른 무기질의 섭취량이 많으면 흡수에 대하여 경쟁이 일어나 흡수가 감소된다.

(2) 대사

신체 내 철분의 약 65%는 헤모글로빈의 헴부분을 구성한다. 적혈구 단백질의 95% 이상이 헤모글로빈이며 헤모글로빈은 혈액 전체 중량의 10%를 차지한다. 신체 내 철분의 약 10%는 미오글로빈에 들어 있고 1~5%의 철분이 효소의 주요 구성체로, 그리고 나머지 철분은 간, 비장, 골수에 페리틴(ferritin)의 형태로 존재한다. 혈액 내에서 이동할 때의 철분 형태는 철분 운반 단백질인 트랜스페린(transferrin)과 결합한 형태로 적은 양이 혈액 내에 존재한다.

2) 생리적 기능

(1) 산소의 전달과 저장

헤모글로빈과 미오글로빈의 구성성분으로서, 헤모글로빈은 폐로 들어온 산소를 각 조직의 세포로 운반하고 세포에서 생성된 이산화탄소를 폐로 운반하여 방출한다. 미오글로빈은 근육조직 내에서 일시적으로 산소를 저장하는 역할을 한다.

(2) 효소와 조효소

철분은 미토콘드리아의 전자전달계에서 산화, 환원 반응에 관여하는 효소인 시토크롬(cytochrome)의 구성성분으로서 에너지 생산과정에 기여한다. 이외에도 철분은 정상적인 면역반응에 필요하고, 신경전달물질의 합성 및 기능에 관여한다.

3) 결핍증

가장 흔한 결핍증세는 빈혈이며, 혈액의 산소운반능력의 감소로 인하여 창백한 피부, 무기력증, 빈번한 호흡, 식욕감퇴, 의욕감소 등이 나타난다. 철분결핍성 빈혈이 나타나는 단계는 ① 저장된 철분이 감소되어 혈청 페리틴 농도가 감소하고, ② 혈액 단백질에 철분과 결합할 수 있는 부위가 늘어나서 포화도가 떨어지고 혈청 내 트랜스페린(transferrin) 농도가 감소하며, ③ 적혈구 합성이 감소하고 골수에서는 미성숙 적혈구의 방출이 증가하며, ④ 철분결핍이 심해지면서 헤모글로빈 농도와 헤마토크리트(hematocrit)치가 정상 이하로 떨어진다. 이때 적혈구는 매우 작고 혈색소 농도가 낮은 것이 특징이다. 그 외에도 작업수행능력의 저하, 감염에 대한 저항력 감소, 어린이의 경우 성장지연 및 집중력과 학습능력의 감소 등이 나타날 수 있다.

4) 과잉증

장기간 영양 보충제나 철분 제제를 복용하거나 잦은 수혈로 간에 철분이 축적되며, 혈색소증은 유전적 질환으로 이 상태에서는 철분이 과도하게 흡수되며 간이나 혈액에 주로 축적되고 근육, 심장, 췌장에도 축적된다. 치료하지 않으면 간이나 심장 등의 기관에 손상이 온다.

5) 급원식품

식품 내 철분의 함유량은 식품에 따라 많은 차이가 있고, 쇠간, 달걀, 새우, 육류, 시금치나 깻잎과 같은 녹색채소에 많이 함유되어 있다. 우리나라 성인 남자에게는

10mg/day, 여자는 14mg/day가 권장되며, 철분권장량은 철분손실량, 식사로부터의 섭취량, 위장관에서의 흡수율 등의 다양한 요인을 고려하여야 한다.

표 10-1 철의 급원식품과 함유량

식품명	1회분 함량(mg)	100g당 함량(mg)
맛조개	4.4(80g, 1접시)	5.5
쑥	4.2(70g, 1/3컵)	6.0
쇠간 삶은 것	4.1(60g, 1접시)	6.8
굴	4.1(80g, 1접시)	5.1
시리얼(콘플레이크)	2.9(90g)	3.2
근대	1.7(9g, 1/3컵)	2.4
검정콩, 서리태	1.6(20g, 2큰술)	7.8

2. 아연(Zinc, Zn)

성인의 체내에는 약 1.5~2.0g의 아연이 존재하며, 모든 조직에 일정한 농도로 분포되어 있으나 뼈, 고환, 머리카락, 혈액 내 아연의 농도는 섭취량에 따라 달라진다.

1) 흡수와 대사

식사로 섭취한 아연의 약 20~30%가 체내로 흡수된다. 철분과 마찬가지로 아연의 흡수도 여러 요인들에 의해 좌우된다. 동물성 단백질에 의해 흡수가 촉진되며, 섬유소와 같은 물질에 의해 흡수가 감소된다.

2) 생리적 기능

(1) 효소의 구성성분

아연은 효소의 보조인자로 작용하면서 체내에서 중요한 대사과정이나 반응을 조절하는 데 관여한다.

(2) 성장 및 면역기능

주로 관여하는 대사반응은 핵산과 단백질 대사, 상처 회복, 성장, 적절한 면역기능, 골격의 발달 등이다.

3) 결핍증

아연의 결핍증상으로는 성적 성숙의 지연, 발육부진, 왜소현상과 식욕감퇴, 상처치료의 지연, 탈모, 설사, 정신적 우울증 등이다. 임신기의 아연 결핍은 유산이나 기형아의 출산을 초래하기도 한다.

4) 과잉증

아연으로 도금된 용기에서 오염된 음료나 음식을 먹은 경우 과잉증이 발생하는데, 구리 결핍을 유발하며 위장장애, 혈액 섞인 설사, 면역기능의 감소 등을 초래한다.

5) 급원식품

아연은 식물과 동물의 조직에 널리 분포하지만, 주된 급원식품은 동물성 식품이다. 우리나라 성인 남자의 경우 10mg/day, 여자는 8mg/day이 권장된다.

표 10-2 아연의 급원식품과 함유량

식품명	1회분 함량(mg)	100g당 함량(mg)
굴	14.5(80g, 1접시)	18.1
쇠간 삶은 것	3.6(60g, 1접시)	6.1
가재	2.3(80g, 1접시)	2.9
보리쌀	1.9(90g, 1공기)	2.1
현미	1.9(90g, 1공기)	2.4
돼지갈비	1.4(60g, 1접시)	2.3
쇠고기, 양지	1.4(60g, 1접시)	2.3

3. 구리(Copper, Cu)

1) 흡수와 대사

성인의 체내에는 50~150mg의 구리가 함유되어 있고, 이 중 약 2%는 매일 교체된다. 흡수된 구리는 알부민 등과 같은 아미노산과 결합한 형태로 간으로 이동하며 간에서 혈액으로는 구리의 이동단백질인 셀룰로플라스민(ceruloplasmin)과 결합하여 존재한다.

2) 생리적 기능

(1) 빈혈예방

구리가 주성분인 셀룰로플라스민(ceruloplasmin)은 철 이온을 2가에서 3가 이온으로 산화시켜 철이 쉽게 소장 세포막을 통과하도록 함으로써 철의 흡수를 돕는다.

(2) 결합조직 합성

구리는 결합조직 단백질인 콜라겐(collagen)과 엘라스틴(elastin)이 교차 결합하는데 작용하는 효소의 일부분이다. 따라서 구리는 골격형성과 심장순환계의 결합조직을 정상으로 유지하는데 필수적이다.

(3) 여러 금속효소의 구성성분

슈퍼옥사이드 디스뮤타아제(superoxide dismutase; SOD)의 촉매작용을 하여, 호기성 대사과정에 발생하는 유리독성기를 제거하므로 면역계를 적절하게 조절한다. 또한 전자전달계의 촉매로 작용하여 티로신 대사에 관여하여 신경전달물질 조절에도 관여한다.

3) 결핍증과 과잉증

결핍증이 흔하게 발생하지는 않는다. 구리가 적게 함유된 유아식을 먹는 저체중

미숙아에게서 구리 결핍증을 발견할 수 있고, 빈혈과 골격의 변화가 나타난다. 동물 실험에서는 케라틴 형성 장애, 멜라닌 색소 부족, 골격의 무기질 감소와 성장 부진, 털의 탈색, 생식능력의 감퇴 등이 발생하였다. 유전적 결함으로 구리가 과잉 축적되는 경우 적혈구 파괴로 인한 빈혈, 신장 세뇨관의 손상, 간 손상, 메스꺼움, 구토 등이 나타난다.

4) 급원식품

구리는 자연계에 널리 분포하며, 주요 급원식품은 쇠간, 굴 등이고 두류, 종실류, 통밀, 패류 등에 많다. 식이섬유소는 구리의 흡수율을 감소시키지만, 일상적인 섭취는 별 영향을 주지 않는다.

표 10-3 구리의 급원식품과 함유량

식품명	1회분 함량(mg)	100g당 함량(mg)
굴	2.8(80g, 1접시)	3.5
새우	2.4(80g, 1접시)	3.0
쇠간 삶은 것	1.6(60g, 1접시)	2.7
버섯	1.3(70g, 1접시)	1.9
게	0.7(80g, 1접시)	0.9
코코아	0.4(10g, 1큰술)	4.0
토마토	0.1(70g, 중 1개)	0.2

4. 요오드(Iodine, I)

체내에는 15~20mg의 요오드가 존재한다. 이들의 약 50%는 근육 내에 있으며, 갑상선에 20%, 피부에 10%, 골격에 6%, 그리고 나머지 14%는 다른 내분비선이나 조직, 중추신경, 혈액에 있다.

1) 생리적 기능

요오드는 인체의 대사과정에서 갑상선 호르몬(thyroxine)의 합성에 관여한다. 만일 요오드가 부족하면 갑상선 호르몬의 합성이 지연된다. 갑상선 호르몬의 주된 기능은 체온을 일정하게 유지하기 위하여 기초대사를 증가시켜서 열의 생산을 자극하는 것이다. 또한 단백질 합성을 돕기 때문에 어린이의 신체와 정신적인 성장발달에 필요하며, 건강유지와 생식에도 중요한 역할을 한다.

그림 10-1 갑상선 호르몬의 구조

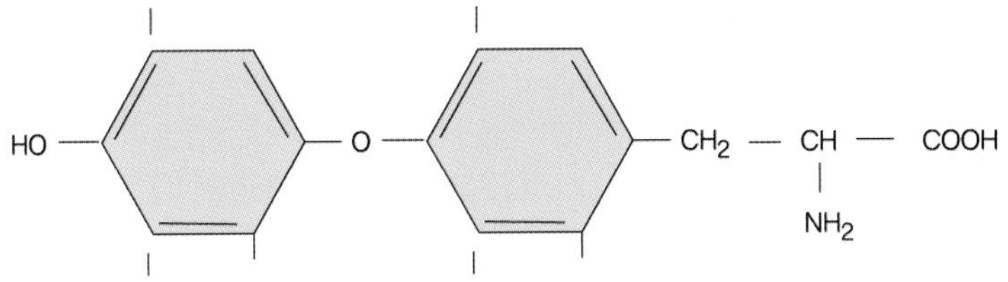

T_3: 트라이요오드티로닌(요오드(I)이 3개인인 경우)

T_4: 테트라요오드티로닌, 티록신(요오드(I)이 4개인 경우)

2) 결핍증

요오드가 결핍되면 갑상선 호르몬을 정상적으로 합성할 수 없기 때문에 계속적으로 갑상선을 자극하는 갑상선자극호르몬(thyroxine stimulating hormone; TSH)이 분비된 결과, 갑상선이 비대해지는 갑상선종이 나타난다. 주로 토양에 요오드 함량이 적은 내륙지방에 사는 사람에게서 발생한다. 특히 임신 중 모체의 요오드 결핍은 태아의 두뇌발달을 저해하여 인지기능을 저하시키며, 감각운동의 조정에 장애를 일으키고, 심한 경우 크레틴병 증세가 나타나기도 한다. 크레틴병은 지적 장애, 운동조정기능 장애, 귀머거리, 왜소현상 등이 수반된다.

3) 과잉증

보충제 등을 이용하여 요오드를 과다하게 섭취하면 갑상선기능 항진증이나 바세

도우씨병이라고 하는 갑상선중독증이 생길 수 있다. 갑상선기능 항진증은 갑상선기능이 과다하게 활동하여 기초대사율이 높아져 자율신경계 장애를 유발하고 안구돌출이 일어난다.

4) 급원식품

요오드의 가장 좋은 급원식품은 해조류와 해산물이다. 곡류와 채소류는 재배된 토양의 요오드함량에 따라 다르다. 전 세계적으로 식염에 요오드가 첨가되어 갑상선종 예방에 매우 효과적이다.

표 10-4 요오드의 급원식품과 함유량

식품명	1회분 함량(μg)	100g당 함량(μg)
해초(날 것)	18,720(30g, 1접시)	62,400
대구	165(50g, 1토막)	330
굴	100(80g, 1접시)	126
시금치	39(70g, 1/3컵)	56

5. 불소(Fluorine, F)

불소는 처음에는 미국의 특정지역 음료수 속에 많이 들어 있어서 지역의 어린이들에게서 충치 발생률이 낮음이 밝혀져 그 중요성이 인식되었다. 불소는 체내에서 95%가 뼈와 치아에 존재한다.

1) 흡수와 대사

불소는 위와 소장에서 쉽게 흡수되며, 흡수된 불소는 신장을 통하여 소변으로 배출된다. 또한, 골격과 치아에 대한 친화력이 높아서 섭취량이 증가하면 골격과 치아 내에 축적되는 양이 증가한다. 식이 내 다른 무기질, 특히 칼슘, 마그네슘은 불소의 장내 흡수를 방해하고 골격과 치아에 축적되는 양을 감소시켜 생체 내 이용률을 저하시킨다. 이 현상은 특히 골격이 발달하는 성장기에 나타나기 쉽다. 식품을 통한 불소의 흡수율은 50~80%인데 반하여, 음료수 속의 불소는 거의 완전히 흡수된다.

2) 생리적 기능

뼈와 치아에 칼슘과 인을 축적시키고, 산에 대한 저항성을 증가시키며 미생물의 작용을 억제하여 충치발생을 방지한다.

3) 결핍증과 과잉증

체내 불소의 균형을 이루기 위해서는 성인의 경우 3~4mg/day가 필요하다. 불소를 과잉섭취하면 치아에 반점이 생기며, 골격, 신장, 근육과 신경기능에 영향을 미칠 수 있다.

4) 급원식품

생선, 차 속에는 불소 함량이 많고, 뼈째 먹는 생선과 동물의 뼈도 좋은 급원이다. 우리나라 일부 지역과 여러 나라에서는 수돗물에 불소를 첨가하고 있다.

표 10-5 불소의 급원식품과 함유량

식품명	1회분 함량(μg)	100g당 함량(μg)
고 등 어	950(50g, 1토막)	1,900
정 어 리	550(50g, 1토막)	1,100
연 어	300(50g, 1토막)	600
새 우	225(50g, 1접시)	450
닭 고 기	90(60g, 1접시)	150
쇠 고 기	70(60g, 1접시)	117
달 걀	70(50g, 중 1개)	140

6. 셀레늄(Selenium, Se)

셀레늄은 체내에 약 13~30mg 존재하며 갑상선, 신장, 간, 심장, 췌장에 많이 들어 있고, 지방조직을 제외한 모든 조직에 분포하고 있다.

1) 생리적 기능

셀레늄은 항산화 효소인 글루타티온 퍼옥시다아제(glutathione peroxidase)의 구성성분으로서 산화적인 손상을 방지하며, 지방의 과산화로 생긴 라디칼로부터 세포와 세포막을 보호한다. 대부분의 세포는 이 효소를 포함하고 있으며, 비타민 E와 셀레늄은 서로 절약작용을 한다. 셀레늄의 섭취가 부족하면 간 내의 글루타티온 과산화효소의 수준이 감소된다. 식이 내 셀레늄의 부족은 이 효소의 합성을 감소시키고, 효소단백질의 분해를 촉진시켜 효소의 활성을 감소시킨다.

2) 결핍증과 과잉증

중국은 풍토적으로 셀레늄이 결핍되어 발생하는 케샨병(Keshan disease)과 카신-벡 질환(Kashin-Beck's disease)이 있으며, 증세는 심장근육 경화 및 섬유화 현상 등이다. 일반적으로 셀레늄 수준의 저하와 글루타티온 과산화효소의 활성 감소로 인한 증상은 근육의 통증 및 대퇴부의 연화 등이다.

3) 급원식품

내장과 해산물이 가장 우수한 급원식품이고, 살코기, 곡류, 우유 및 유제품 등에도 많이 함유되어 있다. 식물성 식품은 토양의 셀레늄 함량에 따라 다르다.

표 10-6 셀레늄의 급원식품과 함유량

식품명	1회분 함량(μg)	100g당 함량(μg)
밀　　배　　아	100(1공기, 90g)	111
가　　　　재	83(1접시, 80g)	104
전　　　　밀	57(1공기, 90g)	63
참　　　　치	36(1토막, 50g)	71
식　　　　빵	28(3쪽, 100g)	28
탈　지　우　유	26(1컵, 200g)	13
닭　　고　　기	25(1접시, 60g)	42

7. 극미량 무기질

1) 망간(Manganese, Mn)

　망간은 인체 내에 약 20mg 정도 함유되어 있다. 주로 뇌하수체, 신장, 간, 췌장에 많이 분포되어 있으며, 특히 뼈 속에 농축되어 있다. 세포 내에서는 미토콘드리아에 가장 많이 들어 있다. 망간은 구리, 아연의 기능과 유사하며, 대사반응을 촉매하는 효소의 구성체로서의 기능을 한다. 해당작용, TCA 회로, 요소합성, 지방산 및 콜레스테롤의 합성에 보조인자로 작용한다. 망간의 흡수는 소화관 내에서 칼슘, 인 또는 철분의 농도가 높으면 감소된다. 결핍증세로는 성장지연, 생식부전, 골격이상, 당대사 이상, 세포구성체의 구조적 이상을 볼 수 있다. 임상적 증세로는 혈액 응고의 지연, 저 콜레스테롤혈증, 손톱과 모발의 성장속도 감소, 체중감소 및 모발의 탈색 등을 볼 수 있다. 광산에서 일하는 광부들에게서 과잉증이 나타날 수 있으며, 간이나 중추신경계에 망간이 축적되고 심한 근육계의 장애 증상이 초래된다. 그 외에 생식기능과 면역기능 저하, 신장염, 췌장염, 간 손상이 나타날 수 있다. 그러나 일반적인 식사를 통해서 충분한 양의 망간이 섭취될 수 있으므로 결핍증이 흔하게 발생하지는 않는다. 우수한 식품 급원으로는 곡류, 두류, 채소류, 차, 커피 등과 같은 식물성 식품 등이다.

2) 크롬(Chromium, Cr)

크롬은 피부, 부신, 뇌 및 근육에 많이 존재하며 체내에 약 6mg 정도 존재한다. 흡수된 크롬의 일부는 간으로 가서 내당인자(glucose tolerance factor)로 알려진 복합체를 형성하여 인슐린을 활성화하는 것으로 알려졌다. 내당능력의 저하, 인슐린 저항력의 감소, 중추 및 말초 신경계의 장애가 있는 경우 크롬을 공급하면 정상으로 회복되기도 한다. 크롬은 고밀도 지단백-콜레스테롤(HDL-cholesterol)의 수준을 증가시키면서 저밀도 지단백-콜레스테롤(LDL-cholesterol)의 수준은 감소시키는 것으로 보고된 바 있다. 크롬의 우수한 식품 급원은 육류, 간, 도정하지 않은 곡류, 효모 등이다.

3) 코발트(Cobalt, Co)

체내의 주로 간에 저장되어 있으며, 비타민 B_{12}의 구성요소로서 적혈구 형성에 관여한다. 식사를 통해 섭취한 코발트는 철분과 같은 장내 흡수경로를 사용하여 식이 내 철분이 결핍되면 코발트의 흡수가 증가하고, 반대로 철분의 섭취량이 많으면 코발트의 흡수가 감소된다. 결핍증상은 빈혈, 근육무력증, 기력감퇴 등이다. 요구량은 극소량으로 악성 빈혈 환자의 경우 골수의 기능에 필요한 양은 $0.04 \sim 0.09 \mu$ g 정도이다.

4) 몰리브덴(Molybdenum, Mo)

몰리브덴은 간, 신장, 뼈, 피부 등에 많이 존재한다. 몰리브덴은 효소의 보조인자로서 산화·환원과정에 관여하여, 잔틴을 요산으로 산화시키고 알데히드(aldehyde)를 카르복시산(carboxylic acid)으로 산화시키는 촉매작용을 한다. 텅스텐, 철분, 황, 구리 등의 무기질과 상호작용이 크며, 특히 구리와 경쟁적으로 흡수된다. 두류, 곡류, 유즙, 채소 및 육류의 내장에 많이 함유되어 있다.

표 10-7 미량 무기질의 요약

영양소	생화학적 기능	결핍증	과잉증	급원식품
철	•산소의 전달과 저장 •효소와 조효소의 구성성분 •면역기능 유지	빈혈, 피로, 허약, 호흡곤란, 식욕부진, 성장장애	혈색소증	육류(쇠간), 어패류, 가금류, 콩류
아연	•효소의 구성성분 •성장 및 면역기능 •핵산합성 관여	성장지연, 상처회복 지연, 식욕부진	철, 구리흡수 저하, 설사, 면역저하	패류(굴), 육류, 곡류
구리	•금속계 효소의 성분 •결합조직 형성 •면역기능 유지	빈혈, 뼈의 손실, 성장장애, 심장질환	복통, 오심, 구토, 혼수, 간질	육류(간, 내장), 패류(굴, 가재, 게), 곡류
요오드	•갑상선 호르몬 성분 및 합성	갑상선기능 저하증, 크레틴병	갑상선기능 항진증	해조류, 해산물, 요오드 강화식품
플루오르	•충치 예방 •골다공증 방지	충치 유발, 골다공증	반상치, 위장장애	육류, 어류, 자연수
셀레늄	•항산화작용 •글루타티온 과산화효소의 성분	근육약화, 성장장애, 심근장애	구토, 설사, 피부손상	어육, 패류, 어류, 육류, 전밀

제 **11** 장

수분

수분(Body fluid)

사람에게 다른 영양소의 공급이 중단되었을 때 수주 혹은 수개월까지 버틸 수 있지만 물의 경우 며칠만 못 마셔도 생명을 지킬 수 없게 된다. 우리 인체의 수분 비율은 출생하여(75%) 성장하고 성인기(60%)를 거쳐 노년기(50%)에 이르는 과정 동안 낮아지는 경향이 있다. 신체에서 물의 양은 대사적으로 활발한 근육조직의 양과 비례한다. 총 체액량은 성인 남자의 경우 체중의 60%, 지방조직의 비율이 많은 여성과 비만한 사람은 55%, 유아의 경우는 65%를 차지한다. 여자의 수분 비율은 남자보다 적고, 노인 또한 젊을 때보다 수분 비율이 적은데, 이는 근육조직이 적기 때문이다 ([그림 11-1]).

1. 체내 수분의 분포

피부, 근육, 장기, 뼈를 구성하고 있는 온몸의 세포에 전체 수분의 60% 정도가 들어 있으며, 세포와 세포 사이에 약 30%의 수분이 존재한다. 세포막이 물질의 이동에 있어서 장벽을 이루므로 세포막을 경계로 세포막 안의 물을 세포 내액(intracellular fluid; ICF)이라 하고, 세포막 밖에 있는 물을 세포 외액(extracellular fluid; ECF)이라 한다. 세포 외액은 다시 세포 사이에 존재하는 세포간질액(interstitial fluid)과 혈류에 존재하는 혈장(plasma)으로 나뉜다. 손에 상처가 나서 피가 흐르는 것은 주로 세포 외액 중 혈장에 해당하는 것이다. 세포 내액은 전체 체액의 약 2/3를 차지하고, 세포 외액은 약 1/3을 차지한다. 설사 등으로 전체 수분의 10% 이상이 급속하게 빠져나가 면 혼수상태에 빠지고 심하면 사망할 수 있다.

그림 11-1 평균 남녀의 체구성량

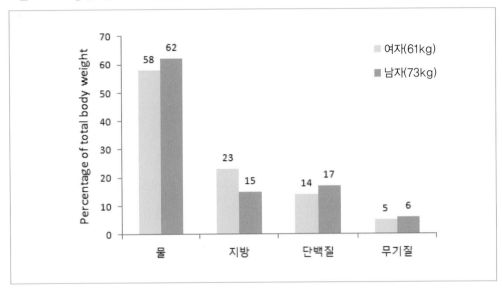

자료: Nutrition: An Applied Approach(Janice Thompson and Melinda Manore, 2005)

세포 내액은 체중의 약 40%를 차지하며, 세포 외액은 약 20%를 차지한다. 세포 내액은 생명현상의 기본이 되는 모든 생화학적 반응이 일어나는 곳이며, 세포 외액 은 세포를 둘러싸고 있어 산소, 영양물질 등 세포가 필요로 하는 많은 물질을 외부 환경으로부터 받아 세포에 공급해 준다. 또한 세포 내에서 생성된 노폐물을 체외로 배출하고 전해질 농도, pH, 삼투압 농도 등을 일정하게 유지시킴으로써 세포의 기능 을 원활하게 한다. 세포 외액의 1/4, 즉 체중의 약 5%는 혈관 내의 혈장으로 존재하 며, 3/4 즉 체중의 약 15%는 혈관 외 세포 사이의 세포간질액(interstitial fluid; ISF)으 로 존재한다. 그리고 혈구와 혈장을 포함하는 전혈액량은 체중의 약 8%이다.

그림 11-2 체액의 구획

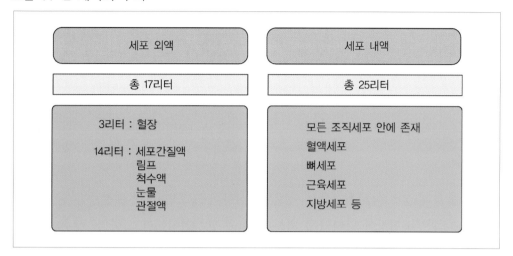

자료: 생활 속의 영양학(김미경 외, 2006)

2. 체내 수분의 역할

신체의 수분 섭취와 수분 배설 사이에는 균형이 이루어지도록 조절되므로 체내의 수분 함량은 언제나 일정하게 유지된다. 이와 같이 체액량이 일정하게 유지되는 기전은 주로 수분 배설이 수분의 섭취에 맞추어지도록 조절되기 때문이다. 사람은 일일 2~2.5L의 수분을 소모하므로 그만큼의 수분을 보충해 줘야 한다. 2L를 기준으로 할 때, 일반적으로 마시는 물이나 음료를 통해 900mL, 밥이나 국 등 음식에 함유된 수분을 통해 약 800mL, 대사의 마지막 과정에서 생기는 수분이 300mL 정도다. 음료나 음식을 통해 섭취한 수분은 대부분 위장관에서 흡수되며 혈관을 통해 순환하면서 온몸에 공급된 뒤 땀이나 소변 등을 통해 체외로 배출된다. 일반적으로 소변을 통해 약 1L, 땀이나 호흡 등을 통해 약 900mL, 대변을 통해 100mL 정도가 소모된다. 물은 삼투압이 낮은 쪽에서 높은 쪽으로 이동하는데, 이 같은 삼투압 작용에 따라 체내 수분의 이동과 배출이 일어난다. 그러나 몸속 전해질의 균형이 급격히 깨어지지 않는 한 세포 내의 수분이동은 그리 심하지 않다.

표 11-1 체내 수분의 생성과 배출량

수분 생성(2L)	수분 배출(2L)
물로 섭취된 수분 900mL	소변 1L
식품에 함유된 수분 800mL	땀, 호흡 900mL
대사과정으로 생성된 수분 300mL	대변 100mL

1) 탈수

만일 물을 충분히 마시지 않거나 수분 배설량이 많으면 신체 수분량의 균형이 깨지고 수분의 부족현상이 나타나게 되는데, 이를 탈수현상이라고 한다. 탈수의 첫 번째 증상은 갈증이다. 신체가 수분부족을 인식하게 되면 뇌하수체에서 항이뇨 호르몬(antidiuretic hormone; ADH)을 분비하여 신장에서 배뇨량을 줄여서 물을 보유하게 한다. 동시에 혈관에서 혈액량을 감소시켜 혈압(blood pressure)이 떨어지게 된다. 그리하여 부신피질의 알도스테론(aldosterone)이 증가하여, 신장에서의 나트륨 재흡수를 늘리게 되어 더 많은 물이 체내에 보유되는 기전이 일어나게 된다([그림 11-3]).

그림 11-3 체내 수분균형 조절과정

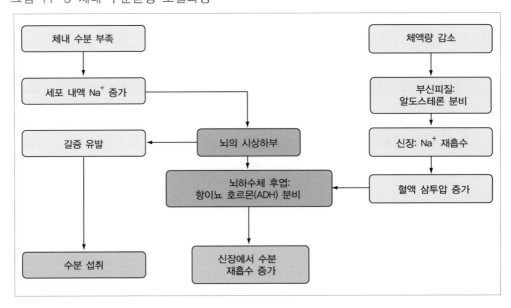

2) 수분과잉

수분이 과잉되면 세포 외액의 전해질 농도가 낮아져 물이 세포 내액으로 들어가거나 칼륨이 세포 외액으로 이동하게 된다. 결과적으로 근육의 경련이 오고 세포 외액의 감소로 혈압이 낮아져 쇠약함을 느끼게 된다.

3) 전해질과 수분균형

우리의 세포막은 반투막으로 물은 자유로이 통과하지만, 소디움이나 포타슘 등의 전해질은 특별한 단백질에 의한 능동수송에 의해서만 통과할 수 있다. 예를 들면, 소디움은 대표적인 세포 외액의 양이온으로, 수분의 세포 내외의 변화는 주로 소디움(Na^+) 이온과 포타슘(K^+) 이온에 의해 조절된다. 세포 외액의 경우 소디움과 포타슘의 비율이 28 : 1이고, 세포 내액의 경우는 1 : 10으로 유지될 때, 세포 내외의 삼투압은 300mOsm/L를 나타낸다. 만약 전해질의 농도가 세포 외와 비교하여 세포 내의 농도가 너무 높으면, 물은 세포 안으로 들어가게 되고 세포는 팽창될 것이다. 반대로 전해질 농도가 세포 외가 높을 경우는 세포 내의 물이 세포 밖으로 이동하게 되어 세포는 수축하게 될 것이다. 이는 세포 내의 상대적 소디움 농도의 증가를 유발하여 이러한 불균형상태를 뇌의 시상하부에 전하게 되고, 따라서 뇌하수체 후엽에서 항이뇨 호르몬이 분비됨과 더불어 갈증을 유발하여 외적으로는 수분 섭취를, 내적으로는 신장에서 수분의 재흡수가 증가하게 된다.

3. 물의 생리적 기능

1) 혈액농도 유지

적절한 체액양은 건강한 혈류 유지에 필수적이다. 혈액양이 높아지면 혈압은 증가하고 혈류량이 감소하면 혈압은 감소한다. 고혈압은 심장질환에 위험요소이고, 반면 저혈압은 피곤, 무기력, 현기증 등의 원인이 될 수 있다. 심장, 혈관, 일부 혈액 단백질들, 신장 등은 혈류의 조절에 영향을 받으며, 수분이 급격하게 빠져나가면 혈액의 점도가 높아지면서 혈전이 생겨 뇌졸중이나 심근경색 등을 일으킬 수 있다.

2) 정상체온 유지

물은 상대적으로 높은 열 수용력(heat capacity)을 가지므로 높은 환경온도로부터 우리의 몸을 보호한다. 또한 운동 등을 통하여 체내 온도가 증가하면 땀 배출 등을 통하여 일정한 체온을 유지하도록 체액은 항상성(homeostasis)을 위해 조절된다.

3) 영양소와 에너지 물질의 운반 및 노폐물의 배출

혈액이나 혈구세포의 세포 내액도 대부분이 물로 구성되어 있기 때문에, 혈액은 용해된 영양소들을 신체의 모든 곳에 운송하는 역할을 한다. 또한 세포 내에서 대사된 불필요한 대사산물을 신장으로 운반하는 역할도 한다. 체내의 노폐물을 몸 밖으로 배출하여 해독하는 기능을 한다. 탈수가 되면 체내의 노폐물을 몸 밖으로 배출하지 못해 몸 안에 독소가 쌓이게 된다.

4) 체내의 화학반응에 관여

물은 신체의 거의 모든 화학반응(chemical reactions)에 관여한다. 다양한 종류의 영양소나 물질들을 용해시킬 수 있는 우수한 용매(solvent)로서도 작용한다.

5) 장기 보호와 윤활유 역할

뇌를 순환하는 체액은 손상으로부터 중요한 조직들을 보호하며, 태아의 경우는 양수에 의해 보호된다. 또한 우리의 연결조직을 에워싸고 있는 세포막에 의해 분비되는 윤활액(Synovial fluid)은 연결조직의 움직임에, 또한 눈의 눈물 등은 윤활제로써 작용한다.

6) 상피세포조직의 건강유지

수분이 부족하면 점액의 분비가 원만하지 못하고 표면에 균열이 생기며 세균의 침입에 쉽게 노출되고 이는 면역력의 저하로 연결된다.

4. 물과 건강

물은 생명에 필수적이다. 환경온도에 따라 영향을 받으나, 식품 없이 수 주일을 견딜 수 있으나, 물 없이는 하루나 이틀 이상을 견디기가 힘들다. 우리의 신체는 물을 저장할 수 없으므로 매일 손실되는 양을 지속적으로 보충해 주어야 한다. 너무 많은 물을 섭취하게 될 경우 신장이 건강한 경우에는 일반적으로 배설되므로 건강상의 문제를 유발하지 않는다. 그러나 정신적 또는 신장의 이상을 가진 질환이 있는 경우는 두통, 혼란, 발작 또는 혼수 등을 야기할 수 있다. 물 마시기 대회에 참가한 미국 여성이 경기종료 후 수 시간 내에 혼수상태를 맞이한 후 사망에 이른 사건이 그러한 예라 할 수 있다. 한편, 물을 충분히 섭취하지 않으면 탈수(dehydration)가 발생할 수 있고, 죽음에 이를 수도 있다. 특히 유아나 노인의 경우는 더욱 민감해지며, 일반적으로 질환이나 소화기계의 감염에 의해서도 발생할 수 있다. 이러한 경우는 설사나 구토가 주된 원인으로 작용한다. 따라서 정상적인 식사를 하면서 적당한 시간과 양을 지켜 물을 마셔야 한다.

하루 2L 가량을 수시로 먹는 것이 좋다. 빈속에 마시는 물은 신장에 바로 흡수되어 많은 양의 에너지를 소모하므로 다이어트에 도움이 된다. 또 운동하기 20분 전에 적당량을 마신 후 운동을 시작하면 조금씩 계속해서 마시는 것이 좋다.

제 **12**장

영양관리

영양관리

1. 비만관리

1) 비만의 정의

비만은 건강에 부정적 영향을 미치는 식이와 연관된 현대질환 중 하나일 뿐만 아니라, 다른 성인병을 유발하는 중요한 원인 중 하나이므로 비만의 조절은 매우 중요하다. 쉽게 말해 비만이란 신체 내에 쌓인 지방질이 정상보다 높은 것이다. 즉 비만이란 개인의 신장(height)에서 주어진 표준 수치 이상의 체중(weight)을 가짐으로써 건강에 해로운 영향을 미치는 과잉의 체지방을 함유한 경우를 말한다. 이는 체질량지수(body mass index; BMI)를 통하여 알 수 있다. BMI는 체중을 키의 제곱으로 나눈 값이며, BMI = 몸무게(kg)/키(m^2)로 계산된다. 1999년 세계보건기구는 BMI 30 이상을 비만으로 정의하였다. 20세기 후반에 들어서면서, 서양인들의 비만인구가 폭발적으로 증가하여 BMI 25 이상을 치료대상으로 할 경우 인구의 50~60%가 비만에 해당되므로 보건정책의 실시가 어려운 반면, 30 이상을 기준으로 하면 인구의 약 25%가 비만에 해당되어 보험지급 등의 보건정책에 적합하기 때문이었다. 따라서 서양 각국을 주축으로 한 세계보건기구에서 진단 기준을 BMI 30으로 채택하게 된 것이다. 그러나 이러한 기준은 체격이 작고, BMI가 낮아도 중증 합병증이 발생되는 아시아 각국에는 적합하지 않았으므로, 아시아에서는 BMI의 수치가 25 정도가 되면 이미 심각한 문제를 일으키고 있었다. 또한 BMI 30 이상을 비만으로 할 경우 아시아 각국의 비만은 인구의 1~2%에 해당되어, 비만이 의학적으로 문제가 없게 되는 역설적인 상황이었으므로, 아시아에서 BMI 25를 기준으로 할 경우 인구의 25% 정도가 비만에 해당되어 구미의 비만 수준과 일치하게 된다. 따라서 세계보건기구의 아시아-태평양지역기구를 중심으로 새로운 비만지침이 제정되어 2000년 2월 공표되었으며, 이 지침은 BMI 25 이상을 치료가 필요한 비만으로 규정하고 있다.

2) 인체에너지 필요량

우리 몸속으로 들어오는 에너지는 식품을 섭취함으로써 몸 안에서 생기는 에너지를 말하며, 우리 몸에서 소비되는 에너지는 다음과 같이 세 부분으로 나눌 수 있다.

(1) 기초대사량(Basal Metabolic Rato; BMR)

적정 온도와 조용한 환경 하에서 12시간 또는 그 이상의 공복 후 휴식을 취하면서 깨어 있는 상태에서 인체가 사용하는 최소열량을 의미한다. 즉 심장박동, 호흡, 순환, 배설, 체온유지 등 기본적인 생체기능을 유지하는 데 필요한 최소한의 에너지를 의미하며, 이를 기초대사량이라 한다. 이는 전체 소비에너지의 60~65%를 차지한다.

(2) 활동대사량(Thermic Effect of Exercise; TEE)

우리가 활동을 하여 소비되는 에너지로서 걸어 다니거나 운동을 할 때 소비되는 에너지이다. 이를 활동대사량이라 하는데, 이는 활동의 종류나 활동강도, 활동시간, 체중 등에 따라 다르고, 개인 간의 차이가 가장 크게 나타난다. 활동대사량은 보통 활동을 하는 사람의 경우 기초대사량의 약 반 정도밖에 되지 않는다.

(3) 식이성 발열효과(Thermic Effect of Food; TEF)

신체는 소화 흡수 및 영양소의 대사를 위해 열량을 사용하는데, 이러한 일을 하는 데 사용되는 열량이다. 섭취한 열량의 5~10%에 해당하는 일종의 소비세와 같은 것이다.

2. 비만증의 분류

1) 지방세포의 수와 크기에 따른 분류

지방세포의 수와 크기를 결정하는 가장 중요한 인자는 하루의 섭취열량과 소비열량 간의 차이에 의해서 나타난다.

(1) 비대형

보통 성인기에 나타나며, 지방세포의 크기가 증가하는 경우를 말한다. 성인이 된 후 30kg 이상 증가한 경우를 비대형 비만이라고 하며, 대부분의 대사적 장해와 관련이 있다.

(2) 증식비대형

보통 영·유아기, 사춘기, 임신 후반기 및 수유기 등에 나타나는 비만증으로 지방세포의 수와 크기가 함께 증가하는 경우이다. 지방세포의 수가 많은 사람은 쉽게 비만이 되고 일시적으로 체중을 줄여도 잘 유지되지 않는다. 즉 소아비만이었던 아동은 체중이 감소되었다가 다시 식습관과 생활습관에 의하여 재발하기 쉽다. 이유는 소아시기에 지방세포의 수가 증가되었고 일단 증가되어 생성된 지방세포는 살이 빠져도 그 수가 줄어들지 않아 성인이 된 후에 다시 살찔 가능성이 높기 때문이다.

2) 부위에 따른 분류

지방이 신체의 상체와 하체 중 어느 부위에 집중되어 있는가에 따른 분류이다.

(1) 상체비만

지방 분포가 주로 상반신에 축적된 경우이며 남성형 비만이라고도 한다. 당뇨병, 고지혈증 등은 남성형 비만인 복부비만에 주로 나타나는데, 이 경우 주로 내장 부위에 지방세포가 쌓여 있기 때문이다.

(2) 하체비만

주로 허벅지나 엉덩이에 축적된 경우로 여성형 비만이라고도 한다. 하체비만은 상체비만보다 덜 해롭다고 알려져 있으나, 체중변화가 심해지면 나중에 복부비만이 될 가능성이 높아지면서 건강위험도는 증가한다.

3. 비만증의 원인

1) 유전

부모가 모두 비만일 때 자녀가 비만일 확률은 73%, 부모 중 한쪽만 비만일 때에는 41.2%, 부모 모두 비만이 아닐 때에는 9%라는 통계에서 보면, 비만의 유전적 요인이 매우 강한 것을 알 수 있다. 그러나 이것이 과연 신체적인 유전자에 의한 것인지 아니면 환경유전인지는 확실하지 않다. 즉 비만인 부모는 살이 찌는 생활습관을 가지고 살아가기 때문에 이러한 환경이 자녀에게도 그대로 전수될 가능성이 있다는 것이다.

2) 식이습관

과식이나 폭식 또는 식탐 등은 비만의 원인 중 가장 중요한 원인이다. 지나치게 많이 먹으면 섭취열량이 소비열량보다 많아져 과잉 잉여분의 열량은 신체의 지방조직에 저장되고, 이러한 지방의 축적은 비만을 초래한다. 또한 지방과 단순당을 과다 섭취할 경우 총 섭취열량 면에서는 적당해도 비만이 유발된다는 보고가 있다. 반면에 불용성 섬유소의 섭취량이 많으면 비만도가 낮아진다는 것으로 보고된 바도 있다.

3) 운동부족

건강한 몸은 식이로 들어온 열량과 운동 등의 활동 등으로 소비된 열량이 균형을 이룰 때를 의미한다. 많은 양의 음식을 섭취하고 운동을 하지 않으면 소비에너지 중 활동대사 에너지가 줄어들 뿐만 아니라 근육의 감소로 기초대사 에너지도 함께 줄어 전체적인 소비에너지가 감소되어 쉽게 살이 찌게 된다.

4) 임신, 폐경 또는 난소 절제술

임신 시에는 지방세포의 비대에 의하여 체지방이 현저하게 축적된다. 이는 출산 후 수유를 위한 것으로 보인다. 여성의 폐경 이후나 난소 절제 시에는 여성호르몬의 부족으로 체내 지방조직이 증가하게 된다. 이는 지방조직에서도 여성호르몬을 생성할 수 있는 기능이 있기 때문에 지방조직에서 난소의 기능을 대체하고자 하는 우리 몸의 비상대책으로 여겨진다.

5) 내분비장애

내분비의 문제(갑상선기능 저하증)나 대사성에 기인한 비만도 있으나, 전체 비만인의 1% 미만만이 여기에 해당된다. 스테로이드는 식욕을 항진시키며, 항우울제(아미트립틸린) 등도 체중의 증가를 유발한다.

6) 정신적 상해와 스트레스

'병적인 폭식'으로 살이 찐 사람은 과거에 신체적·정신적 외상을 겪었을 가능성이 높다는 연구 보고도 많이 발표된 바 있다. '병적인 폭식'이란 짧은 시간에 엄청난 양을 먹어치우는 행동을 반복하는 것으로서 구토, 설사제 복용, 단식, 과도한 운동 등을 병행하는 다른 식사장애와 구분되는 행동이다. 또한 우울하거나 스트레스를 받을 때, 무료할 때, 혹은 불안할 때 과식을 하게 된다는 것은 잘 알려진 사실이다.

7) 환경유전

비만이 실제 유전에 의한 것인지, 환경유전에 의한 것인지는 매우 불분명하나, 환경적 요인이 비만에 큰 역할을 한다는 것은 많이 알려진 사실이다.

4. 비만 판정

비만이란, 우리 몸 안에 지방이 정상 이상의 비율로 있는 상태를 말하는 것으로, 원인은 과다한 영양섭취와 신체활동의 부족 등 식생활과 생활습관에 의한 경우가 대부분이며, 드물게는 약물 복용이나 질환에 의하여 2차적으로 발생할 수 있다. 비만은 우리의 수명을 약 6~7년 정도 단축시킬 뿐만 아니라 고혈압, 당뇨병, 심혈관계질환, 뇌졸중, 심장병, 담석증, 관절염 등의 만성질환과도 높은 연관성을 가지며, 또한 각종 암과도 높은 상관관계를 가진다. 비만을 진단하는 방법에는 여러 가지가 있다. 체지방 측정기를 이용하여 체지방량을 측정하는 것이 가장 바람직하지만, 체지방 측정기가 없는 경우 표준체중과 실제체중을 비교하는 체질량지수(Body Mass Index; BMI)나 허리둘레 치수를 이용하여 평가한다.

표준체중은 건강유지를 위한 이상적인 체중으로 연령과 성별에 따라 다르다. 표준체중의 유지는 각종 만성질병에 걸릴 확률과 그로 인한 사망률을 최소화할 수 있다. 따라서 현재 질병이 없는 상태라도 앞으로의 건강을 위해 자신의 표준체중을 알고 이 체중과 근접한 체중을 유지하는 것이 중요하다. 20세 이상의 경우 다음과 같이 표준체중을 구하여 비만인지 판정할 수 있다.

1) 표준체중을 구하는 간단한 방법

(1) Broca 변법으로 구하는 방법

성인의 경우 변형된 Broca법에 의한 표준체중(kg)은 다음과 같이 산출한다.

- 신장 160cm 이상인 경우: (신장(cm) − 100} × 0.9
- 신장 150.1~159.9cm의 경우: [(신장(cm) − 150)/2] + 50
- 신장 150cm 이하의 경우: 신장(cm) - 100
  * 상대체중(Percent of Ideal Body Weight: PIBW): 표준체중에 대한 현재체중의 백분율을 나타내며, 120% 이상이면 비만으로 판정

$$PIBW = \frac{\text{현재체중}}{\text{표준체중}} \times 100$$

90% > PIBW: 체중 미달

90% ≤ PIBW < 110%: 정상

120% ≤ PIBW < 140%: 경도비만

140% ≤ PIBW < 160%: 중증도비만

PIBW ≥ 160%: 고도비만

(2) 체질량지수(BMI)를 이용하는 방법

체질량지수는 신장과 체중을 이용하여 산출한 지수로 쉽게 계산할 수 있다. 체질량지수는 비만판정의 기준인 체지방량과의 상관관계계수가 0.7~0.8로써 체지방량을 잘 반영하므로 성인기 이후의 비만판정에 매우 유용하다.

$$BMI = \frac{\text{체중}(kg)}{\text{신장}(m)^2}$$

$$(\text{신장}(m)^2 = \text{신장} \times \text{신장})$$

- BMI에 의한 비만판정

대한비만학회, 국제비만전문가위원회	WHO 기준(미국)
• 18.5 미만: 저체중	• 18.5 미만: 저체중
• 18.5~22.9: 정상 체중	• 18.5~24.9: 정상 체중
• 23.0~24.9: 체중과다	• 25~24.9: 과체중
• 25.0~29.9: 경도비만	• 30~34.9: 경도비만
• 30~34.9: 중증도비만	• 35~39.9: 중증도비만
• 35 이상: 고도비만	• 40 이상: 고도비만

2) 비만을 판정하는 방법

(1) 비만도를 계산하여 평가

① 비만도(%)

- 비만도(%) = {(실제체중 − 표준체중) / 표준체중} × 100
- 비만도 판정 < −10%   체중미달

           ±10%   정상

          +10~20%   과체중

          ≥+20%   비만

② 비만도(%)

- 비만도(%) = 현재체중(kg) ÷ 표준체중(kg) × 100
- 비만도 판정 80% 미만   심한 체중부족

          80~90%   체중부족

          90~110%   정상

          110~120%   과체중

          120% 이상   비만

(2) 체질량지수(Body Mass Index; BMI)

- 체질량지수 = 체중(kg)/신장^2(m^2)
- 비만도 판정 < 18.5   체중미달

          18.5~24.9   정상

          25~30   과체중

          ≥ 30   비만

5. 체중조절 및 관리

1) 식사요법

① 식사를 거르지 말고 규칙적으로 한다: 체중을 줄인다고 식사를 거르는 경우가 많은데, 한 끼 식사를 거르게 되면 다음 끼니에 더 많이 먹게 될 수 있고, 이러한 식생활을 지속하게 되면 우리 몸이 오히려 영양소를 더 많이 흡수하여 저장하게 되므로 좋지 않다. 일반적으로 식사를 줄이고 간식을 하는 경향이 있는데, 이는 매우 잘못된 생각이다. 과자 등의 간식은 열량은 높은 반면 영양소가 골고루 들어 있지 않기 때문이다.

② 영양적으로 균형 있고 열량이 낮은 식사를 한다: 매끼 식사 시 고기, 생선, 두부 등의 단백질 식품과 칼슘 및 철분을 충분히 섭취하고 채소반찬을 충분히 먹도록 한다.

③ 식사는 천천히 즐겁게 한다: 바쁘거나 스트레스 상태에서 식사를 하게 되면 빨리 먹게 되어 위장에서의 포화센서가 작동하기 전에 많은 양의 음식이 위장에 도착하므로 과식을 유도할 수 있다. 천천히 여러 번 씹은 후에 음식을 삼키면, 위장에서의 포만감센서가 작동하여 과량의 음식섭취를 막아준다.

④ 과식이나 폭식 상황에의 대처방안을 강구한다: 과식을 방지하기 위해서는 1회 분량을 줄이고, 음식은 일정한 그릇에 한 번만 담아 먹는다. 음식을 빨리 먹으면 과식하기 쉽고, 같은 양의 음식을 먹어도 배가 부르다는 느낌이 잘 오지 않는다.

⑤ 자극성 있는 음식은 피한다.

⑥ 야식을 피한다: 일반적으로 밤에는 활동량이 줄어들어 칼로리 소모량도 감소하므로 늦게 식사하는 것을 피하도록 한다.

⑦ 술을 많이 마시지 않도록 한다: 알코올 자체가 높은 열량(7kcal/g)을 낼 뿐 아니라 술을 마시면 기름진 음식 등을 많이 먹게 될 수 있으므로 가능한 술자리를 피하도록 한다(소주 1잔이 내는 열량은 밥 $\frac{1}{3}$공기와 같다).

⑧ 조리법이나 음식을 바꾼다: 볶음, 튀김, 부침 등의 조리법보다는 무침, 조림, 찜

등의 방법이 열량이 낮다. 단 열량이 낮은 음식이라고 많이 먹으면 고열량 음식을 먹은 것과 마찬가지가 되어 체중이 늘어나게 됨에 유의해야 한다.

⑨ 섬유소와 수분이 많은 식품을 섭취한다: 섬유소와 수분이 많은 음식은 공복감을 줄여줄 수 있으므로 충분히 사용한다. 섬유소가 많이 함유된 음식으로는 채소류, 해조류 등을 들 수 있다. 그러나 단맛이 강한 음료는 칼로리 섭취를 늘리므로 수분은 물을 이용하도록 한다.

2) 행동수정요법

행동요법은 일상습관이나 행동을 변화시켜 체중감소를 유도하는 방법이다. 식이요법, 운동요법과 함께 행동요법이 병행되어야 체중을 효과적으로 유지할 수 있다.

먹기를 부추기는 여러 요인들(기분, 시기, 활동, 상황 등)을 기록하여 먹지 말아야 할 때 먹게 만드는 상황들을 구분할 수 있도록 한다. TV 시청, 신문이나 책 읽기, 음식을 보거나 냄새 맡기, 주변에 음식 놓아두기는 먹고 싶은 충동을 일으키는 것들이다. 조리를 해야 먹을 수 있는 것들은 먹는 것을 자제하기가 쉬운 반면, 이미 포장이 뜯어져 있는 간식 형태의 식품은 자제하기 힘들다.

식욕을 일으키는 요인들이 분명해지면, 식욕을 조절하거나 피하려는 노력을 할 수 있게 된다. 예를 들면, 소량씩 먹기, 천천히 먹기, 한입 먹고 난 후에 수저 내려놓기 등의 방법이 도움이 될 수 있다.

정말 먹고 싶은 음식을 완전히 금지하게 되면 결국 마구 먹는 등의 부작용이 있을 수 있으므로, 완전히 금지하기보다는 그 양을 조절하는 것이 더 효과적이다. 또한 긍정적인 자기주장 및 자아상, 합리적인 목표 설정 등으로 마구 먹기의 원인이 될 수 있는 의기소침, 죄책감, 자아인지, 외모, 기타 인성적 성향 등을 최소화시키려는 노력을 의식적으로 할 수도 있다.

또한 음식에 대한 생각이나 상상을 할 수 없게 생각을 다른 곳으로 전환하는 것이 필요하다. 책을 보거나 일을 하거나 운동을 하는 등으로 무엇인가 집중할 것을 음식으로부터 다른 것으로 전환하게 하는 생활습관으로의 유도가 필요하다.

3) 운동요법

운동만으로는 충분히 체중을 감량시킬 수 없으나, 운동으로 체지방을 감소시킬 수 있을 뿐 아니라 운동을 하는 동안과 운동 후에 기초대사율을 증가시킴으로써 효과적인 체중조절이 가능해진다. 운동은 에너지 소모량을 효과적으로 높일 수 있는 방법이다. 평소에 훈련되지 않은 사람의 경우 유산소성 운동(aerobic exercise)을 했을 때 에너지 소비량이 그냥 있을 때보다 10배 정도 증가되어 체중조절에 도움이 된다. 일반적으로 1주일에 최소 3시간 이상의 운동을 하도록 권장한다. 운동과 식사요법을 같이 했을 때 체지방 감소가 더 잘 나타난다. 운동은 개개인에 맞게 계획되어야 하며 너무 어렵거나 힘들지 않아서 지속적으로 할 수 있는 것이 좋다. 예를 들어, 걷기는 모든 사람이 할 수 있는 운동 중의 하나로, 비용이 거의 들지 않고 다른 사람들과 쉽게 어울려 할 수 있는 운동이다. 가벼운 맨손체조나 걷기와 같은 운동을 30분 이상씩 1주일에 3~5일씩 한다면 열량소비도 늘리고, 심장 호흡기계의 기능도 향상시킬 수 있다. 그러나 무리하게 운동을 하는 것은 좋지 않고, 조금씩 단계적으로 운동강도를 높여나가는 것이 좋다.

체중조절에 운동이 도움이 되는 것은 사실이나, 일반인들이 운동할 때 소비되는 열량은 그리 많지 않다. 예를 들면, 30분 정도 걸었을 때 소비되는 열량은 밥 ⅓공기에 해당한다. 따라서 식사는 그대로 하면서 운동만으로 체중을 조절하기는 쉽지 않다. 대부분 식이요법과 운동을 병행하게 되는데, 운동은 체내의 체지방 축적을 막아줄 뿐 아니라 기타 신체기능의 향상에도 중요한 역할을 한다.

4) 영양소 필요량 정하기

(1) 저열량식

다이어트를 할 때에는 자신의 연령, 성별에 맞는 에너지 필요량에서 500kcal를 뺀 수치를 1일 에너지 섭취량으로 산정한다. 이는 일주일에 0.5kg 체지방 감량을 목표로 하여 산출한 결과이다(체지방 0.5kg을 줄이기 위해서는 약 3,500kcal의 에너지를 소모해야 하며 이를 7일로 나누면 500kcal가 된다). 그러나 처음 다이어트를 시도하는 사람이 하루에 500kcal(밥 1과 ⅓공기에 해당하는 칼로리)를 적게 먹는 것은 결코 쉬운 일이 아니다. 그렇다면 하루에 300kcal(밥 한 공기에 해당하는 칼로리)를 줄이는 것으로 목표를 세우고 시작해도 좋다. 이는 한 끼의 밥으로 ⅓공기씩 먹는 것을 의미한다.

(2) 탄수화물 섭취 줄이기

총 섭취열량(2,000kcal)의 절반은 탄수화물로부터 공급하여야 한다. 탄수화물과 지질이 과도하게 감소되면 단백질이 에너지를 공급하게 되어 체단백 소모가 발생한다. 만약 당질을 지나치게 제한하면, 지방이 불완전하게 연소되어 케톤체(ketone)가 생성되고 이는 케토시스(ketosis)의 원인이 되며, 또한 뇌신경계는 포도당을 에너지원으로 필요로 하므로 최소 100g 정도의 당질공급은 필요하다. 단 당질은 단순당질보다 복합당질(잡곡밥, 현미밥)을 이용하는 것이 건강에 유익하다.

(3) 적당량의 지질: 만복감 부여 및 위 안에 오래 머무름

섭취된 음식이 위장에 머무는 동안은 공복감을 느끼지 않지만, 위장에 머물던 음식물이 소장으로 이동하게 되면, 우리는 공복감을 느끼게 되어 관능적으로 만족할 수 있는 어떤 음식을 요구하게 된다. 따라서 위장에 비교적 오래 머물 수 있는 음식을 섭취하여 만복감이 지속되도록 유도할 수 있다. 단백질음식과 지질음식이 당질음식보다 위장에 머무는 시간이 길다.

(4) 단백질 섭취 정상 유지: 몸 구성을 위해 줄이지 않음

에너지 섭취를 줄이게 될 경우, 잘못하면 체단백이 분해되어 에너지 생산에 이용되므로, 근육조직이 약화되고 몸의 주요 장기 등 내장 단백질이 소모되어 손상되기 쉽다. 따라서 두부, 콩류, 흰살생선, 닭가슴살, 계란흰자 등과 같은 저지방·고단백 식품의 섭취가 필요하다.

(5) 수분

물은 우리 몸의 정상적 신진대사를 촉진하는 중요기능을 하므로 충분한 물을 섭취하는 것은 중요하다. 또한 다이어트 시에 체단백질의 분해로 형성되는 노폐물을 몸 밖으로 배출하는 데도 필요하다. 따라서 하루에 6~7컵 이상의 물 섭취가 필요하다.

(6) 비타민과 무기질

비타민은 우리 몸의 대사를 원활하게 하는 효소의 조효소로써 중요한 기능을 하므로, 수용성 비타민 B복합체나 항산화기능을 가진 비타민 C의 섭취뿐만 아니라, 지용성 비타민 A와 D가 부족되기 쉬우므로 주의가 필요하다. 또한 항산화 지용성 비타민인 비타민 E의 섭취도 중요하다. 무기질 중 특히 칼슘과 철분은 부족되지 않도록 주의해야 한다. 비타민과 무기질은 1일 권장섭취량 정도를 섭취해야 하는데, 칼로리가 낮은 식사를 하는 경우 이것이 힘들다. 때문에 식품을 골고루 섭취하여 비타민과 무기질을 균형 있고 적당하게(과일, 채소, 어육류 등을 다양하게 포함) 섭취할 수 있도록 해야 한다.

(7) 식이섬유소

식이섬유소는 식물성 식품에 함유되어 있는 셀룰로오스, 검, 펙틴 등을 말하며, 이들 성분을 소화할 수 있는 효소가 우리 인체에는 존재하지 않으므로 이들 식이섬유소는 소화와 흡수가 되지 않고 배설된다. 식이섬유소는 열량영양소(당질, 단백질, 지질)의 흡수를 지연시키며 또한 흡수율을 저하시키는 작용도 있다. 이외에도 체내에서 물을 흡착하여 만복감에도 기여한다. 또한 장내에서 일부는 유익한 균의 영양소(prebiotics)로써도 작용하여 장기능에도 영향을 미친다. 한국영양학회(2010)에서 성인 남성은 하루에 25g 이상, 성인 여성은 20g 이상의 식이섬유소 섭취를 권장하고 있다.

(8) 알코올

알코올은 1g당 7kcal의 높은 열량을 내지만 다른 영양소는 없으므로 마시는 것을 피하는 것이 좋다. 특히 술은 기름진 안주와 많이 먹고, 주로 저녁시간대에 마시므로 체중조절을 어렵게 한다.

6. 에너지 필요량 산출

에너지 필요량은 기초대사량, 활동대사량 및 식이성 발열효과를 고려하여 책정한다. 한국인 에너지 섭취기준은 수차례 보완되어 2005년 8차 에너지 영양섭취기준이 설정되었는데, 섭취기준으로 성별과 연령에 따른 평균필요량이 설정되었다.

1) 기초대사량

- 성인 남자 기초대사량 = 204 - (4 × 연령) + (450.5 × 신장m) + (11.69×체중kg)
- 성인 여자 기초대사량 = 255 - (2.35 × 연령) + (361.6 × 신장m)+ (9.39 × 체중kg)

2) 활동대사량

신체활동에 따른 에너지 소비량은 활동의 정도에 따라 매우 다르므로 신체활동 수준(physical activity level; PAL)을 4단계로 구분하여 적용하였다. 신체활동 수준이란 총에너지 소비량을 기초대사량으로 나눈 값으로 비활동적·저활동적·활동적·매우 활동적으로 구분된다.

표 12-1 활동 수준별 신체활동의 예

신체활동 수준(PAL)	활동의 예
1.0	수면
휴식, 여가 활동: 1.1~1.9	옆으로 눕기, 앉아서 책 읽기, 서예, TV 시청, 대화, 요리, 식사, 세면, 배변, 바느질, 재봉일, 꽃꽂이, 다도, 카드놀이, 악기연주, 운전, 서류정리, 워드작업, 사무용 기기 사용 등
저강도 활동: 2.0~2.9	지하철/버스 서서 탑승, 쇼핑, 산책, 세탁(세탁기 이용), 청소(청소기 이용)
중강도 활동: 3.0~5.9	정원 손질, 보통속도 걷기, 목욕, 자전거 타기, 아기 업고 보행, 게이트볼, 골프, 가벼운 댄스, 하이킹(평지), 계단 오르기, 이불 널고 걷기, 체조 등
고강도 활동: 6.0 이상	근력 트레이닝, 에어로빅, 조깅, 테니스, 배드민턴, 배구, 스키 등

- 비활동적: 신체활동 수준이 1.0 이상 1.4 미만인 경우
- 저활동적: 신체활동 수준이 1.4 이상 1.6 미만인 경우
- 활동적: 신체활동 수준이 1.6 이상 1.9 미만인 경우
- 매우 활동적: 신체활동 수준이 1.9 이상 2.5 미만인 경우

3) 에너지 필요량의 추정방법

한국 성인의 에너지 필요 추정량은 에너지 소비량으로 규정하며, 영유아 · 아동 및 청소년은 에너지 소비량에 성장에 소요되는 에너지를 추가하여 산정하였다. 에너지 소비량은 이중표시 수분방법을 사용하여 산출한 공식을 사용하였다.

- 성인 남자: 662-(9.53×연령)+PA*(5.91×체중kg+539.6×신장m)
- 성인 여자: 354-(6.91×연령)+PA*(9.36×체중kg+726×신장m)

   ※ 신체활동계수(PA): 1.0(비활동적) / 1.11(저활동적) / 1.27(활동적) / 1.45(매우 활동적)

한국 성인의 신체활동 수준은 운동선수와 특수 노동자를 제외한 대부분이 1.6 미만의 저활동 상태이므로, 우리나라 성인남녀의 에너지 필요 추정량은 남녀 각각 저활동적 수준에 해당되는 신체활동 계수(PA)인 1.11과 1.12를 적용하여 산출하였다.

표 12-2 에너지 섭취기준 설정을 위한 체위기준

연 령		신 장(cm)	체 중(kg)	BMI(kg/㎡)
영아(개월)	0~5	58.3	5.5	16.2
	6~11	70.3	8.4	17.0
유아(세)	1~2	85.8	11.7	15.9
	3~5	105.4	17.6	15.8
남자(세)	6~8	124.6	25.6	16.7
	9~11	141.7	37.4	18.7
	12~14	161.2	52.7	20.5
	15~18	172.4	64.5	21.9

	19~29	174.6	68.9	22.6
	30~49	173.2	67.8	22.6
	50~64	168.9	64.5	22.6
	65~74	166.2	62.4	22.6
	75 이상	163.1	60.1	22.6
여자(세)	6~8	123.5	25.0	16.4
	9~11	142.1	36.6	18.1
	12~14	156.6	48.7	20.0
	15~18	160.3	53.8	21.0
	19~29	161.4	55.9	21.4
	30~49	159.8	54.7	21.4
	50~64	156.6	52.5	21.4
	65~74	152.9	50.0	21.4
	75 이상	146.7	46.1	21.4

자료: 한국인 영양소 섭취기준(한국영양학회, 2020)

7. 에너지섭취 불균형으로 유발되는 질환들

1) 거식증(Anorexia nervosa)

(1) 정의

거식증 환자들은 먹지 않으면서도 자신이 말랐다고 생각하지 않는다. 즉 먹지 않아서 체중이 많이 감소하는 병으로 젊은 환자들이 많다. 정상인의 경우 체중의 20~25%가 지방인데 비하여, 거식증 환자는 7~13%가 지방으로, 살찌는 것에 대한 심한 두려움 때문에 스스로 식사를 제한하므로 현저한 체중감소와 깡마름(body image 장애), 기초대사 저하, 무월경, 악액질(cachexia, 심하게 마른 것) 등이 주증상이며, 청소년 골밀도가 60대 골밀도와 비슷하여 골다공증이 발생하기도 한다. 약 1% 젊은 여성과 0.1%의 남성에게서 거식증이 나타난다는 보고가 있으며, 이들은 날씬함에 부여하는 가치, 또는 특정 사회가 기대하는 체중과 몸매를 갖기 위한 욕구나 자긍심으로 인해 거식증이 나타나므로 전문가의 도움과 심리학적 접근이 함께 필요하다.

(2) 진단기준

① 나이와 키에 알맞은 정상체중의 유지를 거부한다.
② 저체중임에도 불구하고 체중증가와 살찌는 것에 대한 심한 공포감을 갖는다.
③ 체중, 크기, 몸매를 객관적으로 판단하지 못한다(예: 실제로 말랐음에도 불구하고 뚱뚱하다고 주장한다).
④ 적어도 3번의 월경이 연속적으로 없다.

(3) 치료

거식증의 경우, 전문의와의 상담이 필수적이다. 치료 전반기에는 목표 체중을 정하고, 더 이상의 체중저하가 없도록 각 식품군이 균형 있게 포함된 식사를 한다. 음식에 디저트와 설탕, 단음식을 포함시키고, 단순 탄수화물(설탕, 꿀 등)과 농축된 식품, 섬유소가 적은 음식을 많이 섭취하도록 하며, 한 번에 너무 많은 양의 식사는 하지 않도록 한다. 세 끼 식사와 식사 사이에 간식을 꼭 포함시키도록 하고, 좋아하는 것과 좋아하지 않는 것을 고려하여 될 수 있으면 많이 먹을 수 있도록 한다. 식사 일기를 쓰는 것도 좋은 방법이다.

후반기에는 목표 체중에 도달했더라도 식사량과 체중을 규칙적으로 관찰하면서 알맞은 식사를 유지하도록 해야 한다. 치료가 여러 해 계속되는 경우가 많은데, 안정된 체중을 유지하고 월경이 규칙적이며, 나이에 맞는 적절한 대인관계를 가질 때 완전히 회복되었다고 본다.

표 12-3 거식증의 진단

필수 증상	다른 공통 증상
1. 체중이 정상보다 15% 이하이고 체중 늘리기를 거부한다.	1. 저칼로리 식사와 지나친 운동으로 인해 체중이 감소한다.
2. 체중이 늘어나는 것을 매우 무서워한다.	2. 낮은 심박수, 저혈압, 저체온
3. 올바르지 않은 신체상을 가진다.	3. 엄마나 자매가 거식증
4. 체지방이 매우 적은데도 신체 일부가 매우 뚱뚱하다고 생각한다.	4. 완벽주의자
	5. 마구잡이 먹기와 토하기(폭식증과 증상 공유)
	6. 체중과 몸매에 대한 왜곡(폭식증과 증상 공유)

자료: 영양 그리고 건강(김화영 외, 2009)

2) 폭식증(Bulimia nervosa)

(1) 정의

다량의 음식을 마구 먹는 것이 특징이며, 복통과 구역질이 날 때까지 먹기, 토하기 또는 약물(설사제 또는 이뇨제)을 먹는 등의 행위를 일컫는 것으로 죄책감, 자기혐오, 우울증으로 괴로워하는 사람도 있다.

(2) 진단

① 되풀이되는 마구 먹기와 일정 시간 내에 다량의 음식을 빨리 먹는 경우
② 마구 먹는 동안에 식사행위를 도저히 자제하지 못하는 경우
③ 체중 증가를 막기 위해 환자 스스로 토하거나 설사제, 이뇨제를 사용하거나 엄격한 다이어트, 단식, 격렬한 운동을 정기적으로 한 경우
④ 최저 3개월 동안 평균 최소 2회의 마구 먹기가 있는 경우
⑤ 체중과 몸매에 대하여 지나치게 염려하는 경우

(3) 치료

1일 세 끼의 규칙적인 식사가 중요하고 식사기록이 많은 도움이 되며 여기에 마구

먹기 행위의 횟수, 섭취한 음식과 구토의 재발 여부를 기록토록 한다. 신경성 탐식증도 전문의와의 상담을 통하여 정신적인 측면에서의 접근이 근본적으로 필요하다.

표 12-4 폭식증의 진단

필수 증상	다른 공통 증상
1. 최소한 3달간 일주일에 2번 이상 마구 먹기를 경험함	1. 고칼로리 음식을 마구 먹음
2. 마구 먹는 동안 먹는 것을 자제할 수 없음	2. 몰래 먹음
3. 마구 먹은 것을 보상하기 위해 토하고, 다이어트하고, 격렬하게 운동해서 체중증가를 막음	3. 적은 양의 음식도 먹고 토함
4. 지속적으로 체중과 몸매에 대해 지나치게 생각	4. 정상체중이거나 과체중
	5. 체중 감소 시도 때문에 체중 변화가 심함
	6. 우울
	7. 약물남용(술, 다이어트약, 진정제, 코카인 등)
	8. 치아 손상

자료: 영양 그리고 건강(김화영 외, 2009)

잠깐 쉬어 갈까요

　　사람의 체중은 유전자에 따라 태어날 때부터 일정한 수준으로 조절된다는 "설정치 가설"이 과거부터 주장되었다. 즉 식이조절이나 운동을 통하여 일시적 체중감소가 일어나도 설정치는 변화하지 않으므로, 다시 원래 체중으로 돌아간다고 하는 현상이다. 최근에 발견된 비만유전자와 그에 의해 지방세포에서 분비되는 렙틴이라는 호르몬은 이 가설을 뒷받침하는 중요인자로 많은 연구가 이루어졌다. 1994년 12월, 영국의 과학잡지(Nature)의 논문에서, 유전적으로 고도의 비만이 되는 ob/ob 마우스에서 비만 유전자의 하나인 ob유전자가 발견되었고, 이 쥐는 정상적 쥐의 약 2~4배나 높은 비만이었으며, 이의 원인이 되는 유전자가 발견된 것이다. 또한 이 ob유전자의 작용에 의해 지방세포에서 렙틴이라는 호르몬이 분비되며, 이 렙틴을 ob/ob 마우스에 주사하면, 쥐의 체중이 급격히 줄어드는 현상이 발표되었다. 렙틴이라는 단어는 마르다는 의미의 그리스어 leptos에서 유래한다. 렙틴은 뇌 속의 시상하부에 있는 렙틴 수용체와 결합하여, 만복중추를 자극, 식욕을 저하시키며, 교감신경을 자극, 소비에너지를 증가시켜 체중을 원래의 설정치로 되돌리는 작용을 한다. 렙틴은 167개의 아미노산으로 구성되어 있으며, ob/ob 마우스에서는 105번째의 아미노산을 만드는 유전자에 이상이 나타나 불완전한 렙틴이 만들어지므로, ob/ob 마우스에서는 정상 구조의 렙틴이 분비되지 않기 때문에, 많이 먹어 살이 쪄도 식욕이 없어지지 않고, 점점 더 먹게 되어 결과적으로 비만을 유도하게 되는 것이다.

제 **13**장

항산화 영양소

Chapter **13**

항산화 영양소

1. 항산화란

1) 정의

항산화(Antioxidant) 영양소란, 산화에 의해 야기되는 세포손상을 억제하거나 방어하는 작용을 가진 영양소를 의미한다. 식품성분과 공기의 분자들은 신체 내에서 대사과정을 통하여 그 구성성분의 원자(component atoms) 중 전자를 잃어버릴 수 있으며, 이를 우리는 산화(oxidation)라고 부른다. 반대로, 핵과 전자로 구성된 원자(atom)는 대사과정 동안에 전자를 얻을 수도 있으며 이를 환원(reduction)이라고 부른다.

그림 13-1 산화와 환원

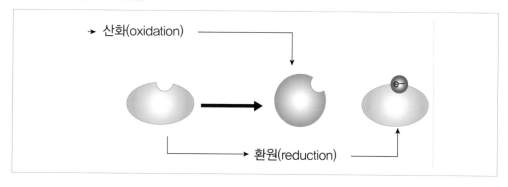

2) 유리라디칼

안정한 원자(atom)는 핵으로부터 일정거리의 전자궤도에서 짝수개의 전자를 함유한다. 그러나 산화과정 동안 전자를 잃게 되면, 쌍을 갖지 못한 전자(unpaid electron)가 생기고, 이는 다른 불완전한 전자와 새롭게 결합하므로 안정된 원자의 형태로 된다. 만약 쌍을 잃어버린 전자가 다른 불완전한 전자와 결합하지 못하여 홀로 존재하게 되면 이는 매우 불안정한데, 이를 우리는 유리라디칼(free radicals)이라고 부르며, 이들 유리라디칼은 더 많은 유리라디칼의 생성을 유도한다. 유리기는 우리 신체의 많은 생리적 과정 중에 형성되는 부산물로서 일부 측면에서는 우리 몸에서 필요한 부분이다. 예를 들면, 면역계에서 감염원을 제거하기 위해서 유리라디칼은 중요한 역할을 한다. 그러나 다른 측면에서 우리의 세포나 세포성분에 해로운 작용을 미친다. 즉 우리의 세포에 손상이나 파괴를 유도할 수 있기 때문이다. 불안정한 유리라디칼이 우리 몸에 증가되면 이들이 안정화되기 위해 주변의 안정한 결합들을 공격하여 자신은 안정화되고, 이는 새로운 불안정한 유리라디칼을 형성하게 된다. 우리의 세포막은 주로 지질로 이루어진 이중막이며 이곳에 유리라디칼이 존재하여 막이 손상되면, 세포 안의 체액이나 영양소는 손상된다. 이러한 손상이나 세포의 파괴 및 DNA의 손상은 심장질환, 당뇨, 암, 신경계질환, 알츠하이머, 파킨슨병 등의 위험을 증가시킨다.

그림 13-2 세포막과 유리라디칼

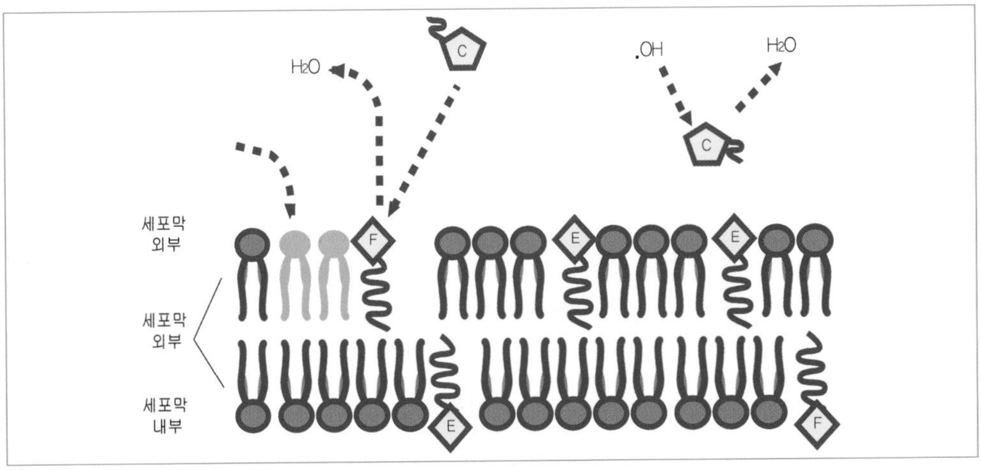

3) 항산화 작용

항산화성분이 유리라디칼로부터 우리 몸을 보호하고 수선하는 기능은 다음의 세 가지 항산화 역할에 의하여 이루어진다.

① 어떤 항산화 비타민은 독립적으로 그들의 전자나 수소를 유리라디칼에 제공함으로써 유리라디칼을 안정화하고 산화에 의한 손상을 감소시킨다.

② 항산화 효소는 유리라디칼을 전환함으로써 해로운 물질의 농도를 낮게 하는 기전 중 하나인데, 이 항산화 효소복합체는 정상적인 작용을 위해 항산화 미네랄이 필요하다. 대표적인 항산화 효소의 예는 슈퍼옥사이드 디스뮤테이스(superoxide dismutase; SOD), 과산화수소 분해효소(Catalase), 그리고 글루타티온 과산화물 분해효소(Glutathione peroxidase; GPx) 등이 있다. 슈퍼옥사이드 디스뮤테이스는 망간, 구리, 아연을 함유하는 효소로 슈퍼옥사이드를 분해하는 효소이다. 과산화물 분해효소는 과산화수소(H_2O_2)를 물과 산소로 전환하는 화학반응을 촉매하는 산화환원효소이다. 또한 글루타티온 과산화물 분해효소는 과산화물을 제거하는 과정을 촉매하며, 셀레늄을 함유하는 효소로 세포막의 손상을 방지하는 항산화 효소이다.

그림 13-3 산화물과 항산화 효소들

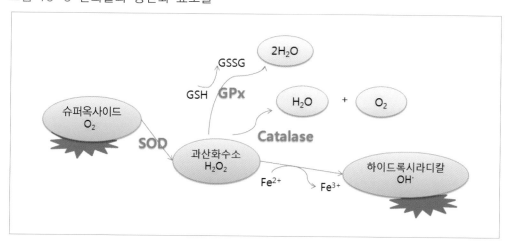

③ 베타카로틴(β −carotene)과 피토케미컬(phytochemicals) 등의 성분들 또한 유리라디
칼의 안정화와 지질의 유리라디칼 생성을 정지시키는 데 중요한 역할을 한다.

많은 효소들은 그들의 작용을 원활히 하기 위해 조효소를 필요로 한다. 조효소
는 효소의 활성화에 요구되는 성분이고, 항산화 효소의 경우, 셀레늄, 구리, 철,
아연, 망간 등이 조효소로써 중요하다. 만약 이들 항산화 성분이 체내에 충분히
확보되지 못하면 유리라디칼에 의한 유의적 손상이 나타날 것이다.

4) 항산화 영양소

우리의 몸은 항산화 성분을 충분한 양으로 생성할 수 없기에 식품을 통해 섭취해
야 한다. 항산화 영양소들은 우리 몸의 항산화 효소계를 보호하며, 대표적인 영양소
로는 비타민 E, 비타민 A, 비타민 C, 베타카로틴, 셀레늄 그리고 코엔자임 Q10 등을
들 수 있다. 또한 미네랄, 구리, 철, 아연, 망간 등은 부수적인 역할로 항산화에 기여
한다. 주된 항산화 영양소와 그 작용은 <표 13-1>과 같다.

표 13-1 항산화 영양소와 작용기전

항산화 영양소	작용기전
비타민 E	유리라디칼의 손상으로부터 지질을 보호
비타민 C	유리라디칼 제거, 비타민 E가 산화된 후, 비타민 E의 재형성을 도움
베타카로틴	유리라디칼 제거, 산화로부터 LDLs을 보호
비타민 A	항산화제로서 기능
셀레늄	글루타티온 과산화물 분해효소의 한 부분
코엔자임 Q10	지질과산화를 저해

(1) 비타민 E

비타민 E는 지용성 비타민으로 간과 지방조직에 저장되며 또한 세포막에서 발견
된다. 슈퍼옥사이드(superoxide)와 중항산소(single oxide)와 직접적으로 반응함으로써
항산화의 역할을 한다. 따라서 세포막을 산화로부터 보호하고, 다불포화지방산(PUFA)

도 보호한다. 또한 산화로부터 비타민 A와 백혈구도 보호하며 면역기능도 향상시키는 역할을 한다.

(2) 비타민 C

중요한 수용성 비타민으로 세포질에서 항산화제의 역할을 담당한다. 슈퍼옥사이드(superoxide), 중항산소(single oxide)와 직접적으로 반응하며, tocopherol이 tocopheroxy radical로 산화됨에 비타민 C가 작용하여 비타민 E로 환원시키는 역할을 한다. 따라서 세포 외액이나 폐에서 항산화제 역할을 하는데 있어서 중요하다. 또한 위장에서 니트로사민(nitrosamine)의 형성을 감소시키고, 콜라겐 합성을 도우며, 면역력의 향상에도 연관된다.

(3) 베타카로틴

지용성 비타민 A의 전구물질로 세포막 바깥부분의 지질 부위에서 항산화작용을 한다. 또한 LDLs에서 비타민 E에 비교 시 약하지만 항산화작용을 나타낸다. 베타카로틴은 카로티노이드(carotenoids)로 구분되는 식물색소 중 한 그룹이며, 당근의 붉은 색 성분으로서 체내에서 일부는 비타민 A로 전환되어, 비타민 A의 전구체로도 불린다.

(4) 비타민 A

우리 몸에는 3가지 활성형의 비타민 A, 즉 retinol, retinal, retinoic acid의 형태가 존재하며 retinol과 retinal은 시력과 뼈의 건강과 면역에 관련되며 retinoic acid는 세포분화, 뼈의 건강 및 면역기능과 관련을 가진다. 비타민 C와 비타민 E에서처럼 비타민 A도 자유라디칼의 제거기능과 LDLs의 산화로부터 보호작용이 있는 것으로 일부 보고되고 있으나 확실하지는 않고 아직 연구 중에 있다.

(5) 셀레늄

셀레늄은 미량 무기질의 하나로 항산화 효소, 특히 글루타티온 과산화물 분해효소의 중요 성분이다. 셀레늄은 간접적으로 비타민 E의 절약에 관여하며 갑상선 호르몬의 생성과 면역기능에도 관여한다.

셀레늄 이외에도 구리와 아연은 세포질의 슈퍼옥사이드 디스뮤테이스(superoxide dismutase)의 구성에 필요하고, 철은 과산화수소 분해효소(catalase)의 구성에 필요하며, 망간은 미토콘드리아의 슈퍼옥사이드 디스뮤테이스의 구성에 필요하다. 따라서 이들 영양소가 부족하게 되면, 항산화 효소의 활성에 영향을 주어 항산화력이 감소하게 된다.

(6) 코엔자임 Q10

일명 ubiquinone으로 알려진 코엔자임 Q10은 지용성이며 주로 적혈구의 미토콘드리아와 많은 조직의 세포막에서 발견된다. 특히 심장이나 간 또는 신장 등의 고에너지를 요구하는 조직의 세포에 코엔자임 Q10의 농도가 높다. 코엔자임 Q10은 3가지, 즉 산화된 ubiquinone, 중간단계의 semiquinone(ubisemiquinone), 환원된 ubiquinone의 형태가 있으며, 이들은 전자전달계에서 활용된다. 코엔자임 Q10은 지질의 퍼옥시라디칼(LOO)의 생성을 방해함으로써 지질과산화를 저해하고, 또한 단백질을 산화로부터 보호한다.

5) 피토케미컬(Phytochemical)

피토케미컬은 식물에서 기원하는 생리학적 활성을 가진 화학물질(chemical components)을 지칭하며, 과일, 채소, 곡류, 그리고 다른 식물성 식품에 널리 존재한다. 피토케미컬의 피토(phyto)는 그리스어로 식물(plant)을 의미한다. 식품의 색과 관능적 성질에 관여하는 피토케미컬은 필수영양소는 아니지만 많은 성분들이 항산화능력뿐 아니라 항암, 항균작용 등이 있는 것으로 알려지며, 그 중요성은 20세기 중후반부터 매우 증가하고 있다. 연구에 의하면 대략 10,000의 피토케미컬들이 암, 심혈관계 질환, 신경질환 등의 만성질환을 예방하는 유효성을 지녔음이 밝혀지고 있다. 대표적 피토케미컬로는 콩에 존재하는 이소플라본(isoflavones), 식물의 색소로 작용하며 항산화능력을 가지는 플라보노이드류(flavonoids), 녹차, 코코아 또는 와인 등의 식물성 식품에 널리 존재하는 폴리페놀(polyphenols) 등은 항산화력을 지닌 피토케미컬들이다(<표 13-2>).

표 13-2 피토케미컬의 분류

피토케미컬	생리활성 성분
카로티노이드(Carotenoids)	알파-카로틴, 베타카로틴, 베타-크립토잔틴, 루틴, 지잔틴, 아스타잔틴, 라이코펜
페놀성분(Phenolics)	페놀산(하이드록시벤조산, 하이드록시 시나믹산) 플라보노이드(플라보놀, 플라본, 플라바놀, 플라바논, 안토시아닌, 이소플라본) 스틸벤, 코우마린, 타닌
알칼로이드(Alkaloids)	글루코시놀레이트, 인돌
유기성황 함유성분 (Organosulfur compounds)	이소치오시아네이트, 알릴설파이드

(1) 카로티노이드

카로티노이드는 천연에 가장 널리 존재하는 색소이고, 600종 이상의 다른 카로티노이드가 천연에서 분리되었다. 카로티노이드는 식물, 미생물, 동물에서 발견되며, 이소프렌(isoprene) 단위의 양쪽에 2개의 방향족 링을 함유한 탄소수 40개 이상의 형태로 구성되어 있다([그림 13-4]).

대표적으로 알파와 베타 카로틴, 루틴, 지잔틴, 아스타잔틴, 크립토잔틴, 라이코펜 등이 널리 알려져 있으며, 당근이나 고구마, 호박, 망고 등에 존재하는 붉은색은 주로 베타카로틴이며, 수박, 토마토 등에는 라이코펜이 풍부한 것으로 알려져 있다. 이들 카로티노이드를 함유한 식품들은 풍부한 항산화력을 가지므로 항암식품으로도 널리 알려져 있다.

그림 13-4 식품 중 카로티노이드의 일반구조

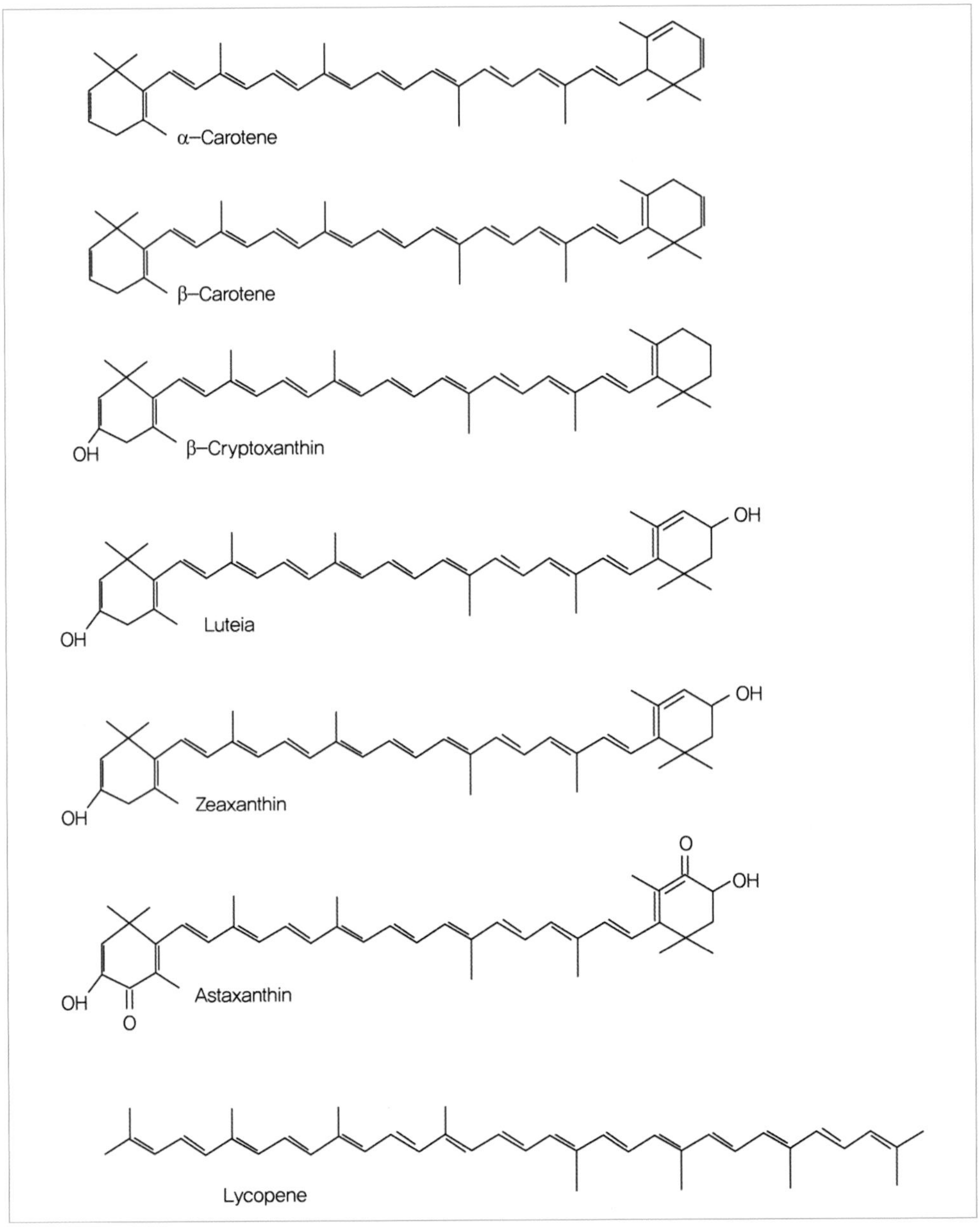

(2) 페놀성분

페놀성분은 방향족 링(aromatic rings)을 기본으로 수산기(hydroxyl group)를 하나나 그 이상 함유하는 식물성 근원의 항산화성질을 가진 성분이다. 페놀성분은 페놀산(phenolic acid), 플라보노이드(flavonoids), 스틸벤(stylbenes), 코우마린(coumarins), 타닌(tannins) 등으로 분류될 수 있다. 대표적인 페놀산을 함유한 식품인 마늘의 갈릭산(gallic acid), 커피의 카페익산(caffeic acid) 등은 잘 알려진 항산화 성분들이다. 또한 크랜베리, 사과, 포도, 바나나, 파인애플, 배, 레몬, 오렌지 등은 페놀성분이 많은 과일로 알려져 있다.

그림 13-5 플라보노이드의 일반구조

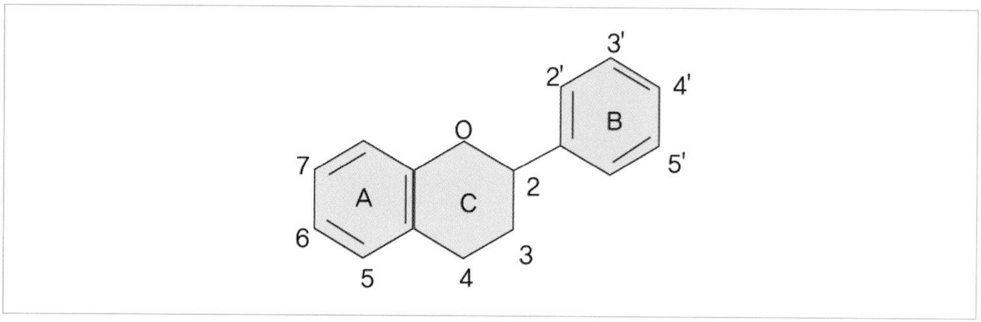

플라보노이드는 2개의 다환구조(A와 C의 ring 구조)가 탄소 3개와 연결된 구조를 지니며, 채소나 과일에 존재한다. 약 4,000종 이상이 규명되었으며, 이들 플라보노이드는 항산화력이 우수한 피토케미컬이다. 케르세틴이나 캠퍼롤 등의 플라보놀, 카테킨, 에피카테킨, 에피갈로카테킨갈레이트 등의 플라바놀, 히스페리딘, 나르제닌 등의 플라바논, 제니스테인, 다이드제인 등의 이소플라본은 대표적인 플라보노이드이다. 이들은 사과껍질, 베리류, 브로콜리, 시큼한 과일, 레드와인, 녹차나 홍차 등에 널리 함유된 색소성 성분인 동시에 매우 좋은 항산화 성분들이다. 안토시아닌은 과일, 채소, 곡류의 파란색, 보라색, 붉은색의 원인성분인 동시에 항산화성과 항균성질을 가지며, 또한 항암이나 심혈관계 질환 및 알츠하이머 등의 신경계 질환에도 매우 효과가 높은 피토케미컬 성분으로 알려져 있다. 또한 콩이나 콩을 이용한 식품에서 흔히 발견되는 이소플라본은 플라보노이드 중 하나이며, 항산화와 항암작용 외에도 여성 호르몬과 유사한 기능을 지니므로 폐경기 여성에게 발생하는 골다공증이나 얼굴이 붉어지고 더워지는 폐경증후군에도 도움이 된다.

그림 13-6 식품에 존재하는 대표적인 플라보노이드 성분

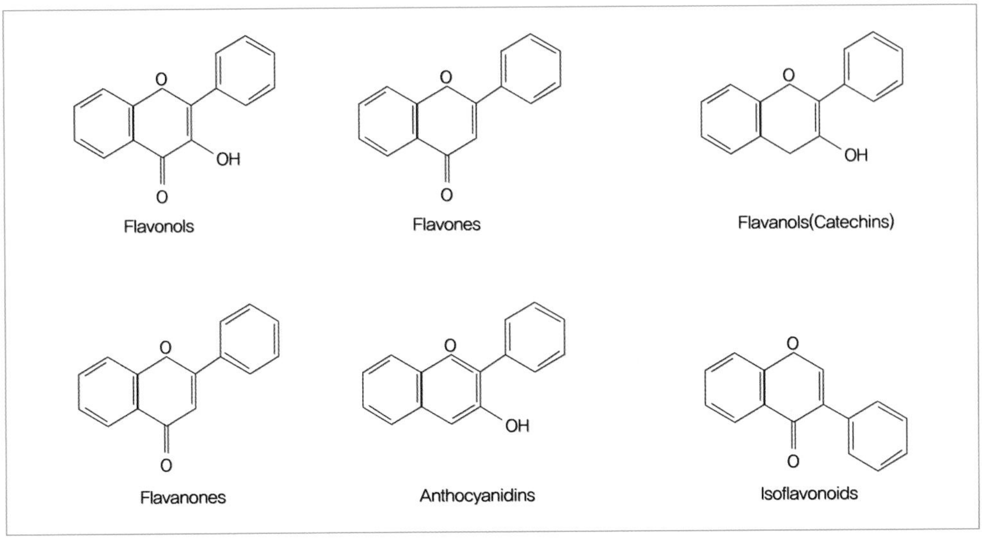

스틸벤(Stillbenes)은 플라보노이드와 비슷한 2개의 방향족 링을 가지나 이들의 연결에 탄소 두 분자가 관여한다. 최근 스틸벤 중의 레스베라트롤(resveratrol)은 레드와인이나 베리류 또는 오디에 많이 함유된 항산화 성분인데, 2000년대 이후 하버드대 교수 David Sinclair 박사를 비롯하여 많은 연구에서, 이 물질이 항산화, 항암, 항당뇨, 항신경계 질환 이외에도 장수유전자(SIRT1)를 활성화시키는 물질로 규명되어 학계의 관심 속에 많은 연구가 발표된 흥미로운 항산화 성분이다.

(3) 알칼로이드

알칼로이드는 천연에 존재하는 질소를 함유하는 화학성분으로 식물뿐만 아니라 미생물이나 동물에서도 생산되는 성분이다. 일부 알칼로이드는 다른 종에서 독성을 나타내기도 하며, 일반적으로 쓴맛을 나타낸다. 대표적인 알칼로이드인 글루코시놀레이트(glucosinolates)는 간의 해독효소를 활성화하는 성분이며, 십자화과 채소(cruciferous vegetables)의 섭취는 발암물질이나 다른 독성성분으로부터 우리 몸을 보호한다. 글루코시놀레이트는 식물세포의 손상으로 분비되어 효소 미로시나아제(myrosinase)에 의해 이소티오시아네이트(isothiocyanates)로 전환되어 신체에서 이용된 후, 대사산물인 디티오카바메이트(dithiocarbamates)의 형태로 체외로 배설된다.

(4) 유기성황 함유성분

마늘이나 양파 또는 파를 조리할 때, 자극적인 방향성 성분은 황을 함유한 유기물인 디알릴설파이드(diallyl sulfide), 알릴메틸트리설파이드(allyl methyl trisulfide), 또는 디티오틴즈(dithiothines) 등의 성분에 의해서 나타난다. 디알릴설파이드는 해독·항균 작용과 더불어 대장암이나 심혈관계 질환으로부터 보호하는 작용이 있는 것으로 알려져 있다.

제 **14** 장

영양평가

영양평가

1. 영양평가

1) 영양면

식사의 주된 목적은 충분한 영양을 공급하여 건강을 유지하고 성장을 이루며, 일의 능률을 올리려는 데 있다. 만약 적절한 식품섭취가 이루어지지 않으면 영양불균형이나 영양과잉과 연관된 많은 식이유발 질병을 유발한다.

(1) 영양필요량을 알 것

식품은 체내 모든 기관의 세포 형성 및 유지 보수에 필요한 에너지와 영양소를 제공한다. 그러나 필요한 영양소의 양은 성별, 연령별, 노동력의 강도, 건강상태 등에 따라 다양하므로 영양평가 시 개인의 성별, 연령, 활동량, 건강상태 등은 중요한 기준이 된다.

(2) 매식사가 완전할 것

매식사마다 다섯 가지 기초식품군의 고른 영양 섭취를 위해 신경 써야 한다.

① 영양상 매일의 식단이 완전할 것은 물론이고 매회의 식단에도 과부족 없이 균형 잡히게 이루어져야 한다. 즉 개인에게 적합한 열량, 단백질, 비타민, 무기질 등이 균형 잡히게 구성되어야 한다.

② 영양소는 상호 밀접한 관계를 가지고 있어서, 그 효율을 높이기 위해서는 동시에 섭취할 필요가 있다. 곡류와 비타민 B_1, 칼슘과 비타민 D, 비타민 E와 비타민 C 등은 상호 보완적 관계를 가지므로 다양한 영양소를 섭취할 수 있도록 다양한 식품으로 구성해야 한다.

(3) 식사의 배분을 생각할 것

① 열량 배분: 중등활동자의 경우, 아침 : 점심 : 저녁 = 1 : 1.5 : 1.5로 하고 격심한 노동자는 1 : 1.5 : 1.2로 하는데, 이는 오후에 일의 양이 많아 저녁은 피로해서 식욕이 감소되기 때문이다. 초등학생은 1 : 1.2 : 1.7(소모열량 25.8 : 30.2 : 44%)로 한다.

② 주식과 부식의 배분: 주식 1 : 1 : 1(또는 0.9 : 1 : 1), 부식 1 : 1.5 : 1.5로 한다. 주식인 밥의 종류는 매식사마다 그 양에 차이를 두지 말고 부식은 식품의 선택과 양, 조미료의 양, 조리법에 따라 많은 차이가 나므로 신경 써야 하며 단백질을 우선 고려한다.

2) 경제면

(1) 수입을 고려해서 가족 수에 맞는 식비를 결정한다

① 주식비, 부식비, 간식비, 외식비를 고려한다.

② 소득에 관계없이 가족 수가 증가하면 식비는 증가하고 1인당 식비는 감소한다. 주식비는 소득에 관계없이 가족 수에 따라 결정하고 부식비는 소득에 따라 변하게 되는데, 수입이 증가하면 식사의 질이 높아지고 동물성 단백질의 섭취가 증가한다.

(2) 엥겔(Engel) 계수

$$\text{엥겔 계수} = \frac{\text{식비}}{\text{총수입}} \times 100 : \text{가정 경제의 척도}$$

$$\text{제2엥겔 계수} = \frac{\text{탄수화물 식품에서의 열량섭취}}{\text{총열량섭취}} \times 100$$

(3) 경제적 식생활을 위한 방안

① 식품의 물가변동에 관심을 가지고 계절에 따라 식품생산이 달라지므로 그 변동을 주시하여 기록한다. 즉 값싸고 영양 많은 식품의 선택을 위해 제철식품을 이용한다.

② 기본이 되는 식품에 대해 대치(영양소별 대치)할 수 있는 것을 정하여 둔다.

③ 식품구입 시 주의사항

   ⓐ 저장한도 내에서 최대한 많은 양을 한 번에 구입한다.

   ⓑ 신선도를 고려한다.

   ⓒ 폐기량을 고려하여 영양량에 맞게 구입한다.

폐기량 = 순사용량(as purchased, AP) − 가식부량(edible portion, EP)

3) 기호면

① 식단작성 시 대상에 대한 기호를 잘 파악하고 계획해야 한다.

② 단순히 기호만을 중시하여 편식이 되는 것은 안 되지만 기호를 고려하여 식품의 선택과 조리방법을 다양하게 활용하면 즐거운 식사가 가능하다.

③ 기호는 시대, 연령, 성별에 따라 변화되므로 융통성 있게 식단을 작성한다.

④ 식품의 종류, 조리법, 맛, 색, 냄새, 질감 등에 의해 음식에 대한 기호도 영향을 받는다.

4) 능률면

① 식사준비에 따르는 시간과 노력을 최대한 줄일 수 있도록 계획하여 에너지와 시간을 조화롭게 관리한다.

② 식사준비를 위한 시간과 노력의 최적사용을 지침으로 한다.

    ⓐ 조리과정 계획표를 준비하여 조리 도중 쉬는 시간을 가능한 한 적게 한다.

    ⓑ 식품구입을 위한 식품품목을 만들어 시장보기를 능률적으로 한다.

    ⓒ 주방에 게시판을 설치하여 필요한 것을 생각나는 대로 적는다.

    ⓓ 시장보기의 빈도를 제한하여 냉장고, 냉동고, 창고 등 저장시설을 확보한다.

    ⓔ 정기적으로 사용하는 것은 손닿기 쉬운 곳에 보관한다(예를 들어 팬, 냄비 등은 벽에 건다).

    ⓕ 공급 가능한 범위 내에서는 시간에 대치되는 다른 자원을 이용한다.

2. 식단작성

1) 식단작성 원칙

① 대개 일주일 단위로 작성한다.

② 하루 전체를 한 단위로 사용한다. 아침 : 점심 : 저녁 = 1 : 1.5 : 1.5로 한다.

③ 다섯 가지 기초식품군을 매일, 매끼에 포함시킨다.

④ 하루에 최소한 한 번은 조리하지 않은 생것(raw food)을 사용한다. 즉 생야채를 섭취하면 수분흡수량이 많아지고 열량이 적으며 장의 연동운동에 도움이 된다.

⑤ 매끼마다 적어도 한 가지는 영양(단백질, 지방)이 풍부하고 포만감을 주는 식품(rich food)을 제공한다.

⑥ 간이 없는 음식과 향미가 강한 음식을 같이 사용하거나 번갈아 사용한다.

⑦ 부드러운 음식과 질감이 아삭아삭한 음식을 같이 사용하거나 번갈아 사용한다.

⑧ 색, 형태, 음식의 배열 등에 변화를 준다.

⑨ 간단하고 영양가가 덜한 음식과 단백질과 지방 함량이 높은 음식을 번갈아 사용한다.

⑩ 식사가 간단하면서도 표준화된 패턴을 유지하도록 한다.

⑪ 영양을 검토하여 아침, 점심, 저녁 순으로 계획한다.

⑫ 같은 음식과 재료를 1일 2회 사용하지 않는다.

⑬ 음식의 가짓수가 많으면 양을 줄이고, 수가 적으면 양을 늘린다. 그러나 수가 너무 많으면 소화율이 나쁘고 조리시간이 길어지므로 3~4가지가 적당하다.

⑭ 새로운 식품 및 조리법을 사용하여 편식을 방지하고 친숙한 것과 섞어 조금씩 소개한다.

⑮ 전주, 전달 또는 지난해를 참고하여 식단을 작성하고 계절식품을 이용한 식단 작성을 원칙으로 한다.

2) 식단작성 순서

(1) 한국인의 영양섭취기준에 따라 영양필요량 결정

개인의 신체조건과 생활패턴에 적합한 에너지 필요량은 표준체중을 이용하는 방법, 조정체중을 이용하는 방법, 현재체중을 이용하는 방법의 3가지로 나누어 결정할 수 있다.

① 표준체중 이용: 비교적 엄격한 방법으로 빠른 체중 감량을 원하는 경우 적용될 수 있다. 예를 들면, 키 162cm, 몸무게 69kg인 비만여성이고 보통 활동을 한다면, 표준체중은 (162−100)×0.9=55.8kg, 즉 약 56kg이 표준체중이므로 일일 필요한 영양필요량은 56×30(<표 14-1> 참조)=1,680kcal가 된다. 이 비만여성의 비만도는 (69−56)/56=23%로 계산된다.

② 조정체중 이용: 현재체중이 표준체중보다 많이 나갈 때 적용하며 비만도가 30~40% 이상인 경우에 사용되는 비교적 엄격한 방법이다. 조정체중=표준체중+(현재체중 − 표준체중)/4로 계산한다. 예를 들면, 키 162cm, 몸무게 75kg인 비만여성이고 보통 활동을 한다면, 비만도는 (75−56)/56×100=34%이므로 고도비만이고, 조정체중은 56+(75−56)/4=61kg이므로 일일 필요에너지는 61×30=1,830kcal가 된다.

표 14-1 활동에 따른 에너지 요구량

생활활동 강도	단위체중당 필요량	직종
가벼운 활동	25~30	일반사무직, 관리직, 기술자, 어린자녀 없는 주부
보통 활동	30~35	제조업, 가공업, 서비스업, 판매직, 어린자녀 있는 주부
강한 활동	35~40	농업, 어업, 건설업 직원
아주 강한 활동	40 이상	농번기의 농사, 임업, 운동선수

③ 현재체중 이용: 보다 관대한 방법으로 일일 필요에너지를 계산하는 방법이다. 예를 들면, 키 162cm, 몸무게 69kg인 비만여성이고 보통 활동을 한다면, 표준체중은 (162-100)×0.9=55.8kg, 즉 약 56kg이 표준체중이다. 일일 필요한 영양필요량은 69×30=2,070kcal가 된다.

(2) 각 식품군의 1일 섭취횟수를 산출한다.

곡류 , 고기·생선·달걀·콩류, 채소류, 과일류, 우유 및 유제품류, 유지 및 당류의 식품군에서 식품을 골고루 정하여 1일 섭취횟수를 산출한다.

3. 식단평가

1) 영양면

(1) 식품배합은 각 식품군의 serving 수에 기준하여 평가한다.

(2) 영양가를 산출해 보고, 영양섭취기준과 비교 검토하며 보통 때에는 열량과 단백질량만 산출해도 된다.

① 열량

ⓐ 각 식품량에 따른 열량 계산 후 아침, 점심, 저녁으로 나누어 매끼 소계를 산출하여 1일 총계를 산출한다. 이것을 권장량과 비교하고 끼니별 배분을 검토한다(중등활동 = 1 : 1.5 : 1.5).

　　　ⓑ 열량 부족 시 위에 부담을 주지 않을 정도로 설탕과 기름을 첨가한다. 열량 초과 시 주식인 탄수화물 식품과 지방을 줄인다.

　　　ⓒ 탄수화물 식품이 총열량의 몇 %에 해당되는지를 산출한다(탄수화물 : 단백질 : 지질 = 65 : 15 : 20).

　② 단백질

　　　ⓐ 총 단백질량 중 동물성 단백질의 양을 산출하고 이 중 양질의 단백질이 $\frac{1}{3}$ 이상이면 이상적이다. 특히 성장발육기에는 반드시 동물성 단백질이 $\frac{1}{3}$ 이상이 되도록 한다.

　　　ⓑ 단백질 평가(<표 6-2> 참조)

　③ 무기질 중 칼슘(Ca)과 철분(Fe)이 우리나라 식사에서 부족하기 쉽다.

　　　ⓐ 칼슘은 우유 또는 뼈째 먹는 생선(멸치, 뱅어포, 잔새우 등)을 이용하고 칼슘 함유 식품을 매식사 때마다 놓는다.

　　　ⓑ 철분은 육류를 중심으로 한 양질의 동물성 식품, 녹색채소를 하루 1회 이상 섭취한다(채식주의인 경우, 콩, 계란, 우유, 두부 등으로 대치한다).

　④ 비타민은 녹황색 채소류와 과실류에서 공급한다.

　　　ⓐ 조리법에 따라 비타민 손실량도 달라지므로 조리법 선택도 중요하다.

　　　ⓑ 봄, 겨울에 비타민 A와 비타민 C가 부족하기 쉬우므로 유의한다.

　⑤ 지방이 많이 함유된 식품과 조리법(튀김, 볶음, 전)에 유의하며 필수지방산이 많은 식물성 기름을 사용한다.

2) 경제적인 면

　식비 예산금액이 초과되지 않았는지 검토하고, 초과되었을 때에는 그 원인을 검토한다.

　① 구입식품의 가격, 식품의 질과 가격, 식품구입방법, 구입시장(장소), 남은 식품의 보관과 이용, 낭비된 식품, 폐기된 식품 등을 검토한다.

　② 계절식품, 대치식품의 활용도 검토한다.

3) 식단평가 프로그램

현재 국내에 소프트웨어가 개발되어 연구논문으로 발표된 경우는 약 40여 종에 달하며 판매되고 있는 경우는 수종에 해당한다. 그 외에 연구소별로 혹은 병원이나 급식소에서 자체적으로 개발하여 활용하고 있는 소프트웨어도 있으나, 발표되고 있지는 않은 상태이다. 그동안 발표되었거나 구입 가능한 프로그램은 다음과 같다.

① CANPro 4.0(Computer Aided Nutritional Analysis Program)
  • 한국영양학회: 영양평가용 프로그램으로 윈도우에서 지원되는 그래픽들이 많아 일반인들이 쉽게 사용할 수 있다. 번들용, 일반용, 전문가용이 있다.
② 프로 영양상담
  • 대한영양사회: 영양가분석 및 식단관리, 구매관리가 가능한 프로그램이다.
③ 다이어트 플러스
  • 회사: 영양분석 및 식단관리 프로그램이다.
④ 식품군별 영양평가를 위한 전산화 연구와 당뇨병 환자를 위한 영양상담 시스템
  • 개인: 식품군별 섭취량 분석과 평가, 식사력의 상담 및 평가기능을 가진 프로그램이다.
⑤ 경제적 식품구입비 산출 및 식생활관리의 이용을 위한 전산프로그램
  • 개인: 가장 경제적인 구매로 균형 잡힌 영양식단을 꾸미는 방법 제시, 단체급식을 위한 식품구매에 유용하다.
⑥ 영양상담 프로그램
  • 개인: 신체검사 결과와 식사섭취량, 영양판정, 비만도 분석, 영양교육 내용 등을 제시한다.

잠깐 쉬어 갈까요

보건복지부와 질병관리본부는 2010년에 한국인의 올바른 식습관을 형성하기 위하여 다음과 같은 한국인을 위한 식생활 목표 및 지침을 제시하였다.

〈한국인을 위한 식생활 목표〉
1. 에너지와 단백질은 권장량에 알맞게 섭취합니다.
2. 칼슘, 철, 비타민 A, 리보플라빈의 섭취를 늘립니다.
3. 지방의 섭취는 총에너지의 20%를 넘지 않도록 합니다.
4. 소금은 1일 10g 이하로 섭취합니다.
5. 알코올의 섭취를 줄입니다.
6. 건강체중($18.5 \leq BMI < 25$)을 유지합니다.
7. 바른 식사습관을 유지합니다.
8. 전통 식생활을 발전시킵니다.
9. 식품을 위생적으로 관리합니다.
10. 음식의 낭비를 줄입니다.

〈한국인을 위한 식생활 지침〉
1. 곡류, 채소, 과일류, 어육류, 유제품 등 다양한 식품을 섭취하자.
2. 짠 음식을 피하고, 싱겁게 먹자.
3. 건강체중을 위해 활동량을 늘리고 알맞게 섭취하자.
4. 식사는 즐겁게 하고, 아침을 꼭 먹자.
5. 술을 마실 때는 그 양을 대폭 제한하자.
6. 음식은 위생적으로, 필요한 만큼 준비하자.
7. 밥을 주식으로 하는 우리 식생활을 즐기자.

 **참고문헌**

김갑순 외(2006), 기초 영양학.

김미경 외(2005), 생활 속의 영양학, 라이프사이언스.

김숙희·김이수(2006), 조리영양학, 대왕사.

김혜미·홍정옥(2008), 최신영양학, 백산출판사.

박태선·김은경(2004), 현대인의 생활영양, 교문사.

서광희·김애정·김영현·오세인·이현옥·장재권·하귀현(2011), 알기 쉬운 영양학,
　　　　도서출판 효일.

장정옥·윤혜경·정재홍·강근옥·박성진·김유경·박화연(2009), 21세기 영양과 건강,
　　　　보문각.

주왕기·김형춘·주진형(2004), 건강학, 라이프사이언스.

안병수(2005), 과자, 내 아이를 해치는 달콤한 유혹, 국일미디어.

이건순(2005), 웰빙 식생활과 건강, 라이프사이언스.

이상선·정진은·강면희·신동순·정혜경·장문정·김양하·김혜영·김우경(2008), 영양
　　　　과학, 지구문화사.

이정실·이영옥·유혜경·박문옥·김은미·강어진(2010), 조리영양학, 백산출판사.

장유경 외(2010), 기초영양학, 교문사.

최혜미(2007), 21세기 식생활관리, 교문사.

최혜미(2006), 21세기 영양과 건강이야기, 라이프사이언스.

이경영·김소영(2008), 다이어트 영양학, 대한미디어.

장준홍(2011), 휴면영양학, 네이존.

허채옥·권순형·김은미 외 7인(2008), 기초영양학, 수학사.

민경찬·김현오·이애랑 외 2인(2011), 기초영양학, 광문각

구재옥·임현숙·정영진·윤진숙·이애랑·이종현(2017), 제3판 이해하기 쉬운 영양학, 파워북

2015 한국인 영양섭취기준, 보건복지부·한국영양학회

2020 한국인 영양섭취기준, 보건복지부·한국영양학회

저자소개

김나영
경희대학교 대학원 이학 석사
경희대학교 대학원 이학 박사
현) 송호대학교 호텔외식조리과 교수

배상옥
일본동경공업대학 공학 박사
전남대학교 학술연구 교수
현) 초당대학교 조리과학부 교수

최일숙
경희대학교 대학원 이학 석사
경희대학교 대학원 이학 박사
현) 원광대학교 식품영양학과 교수

김섭
초당대학교 조리과학과 석사
세종대학교 조리외식경영학과 박사수료
현) 혜전대학교 호텔조리과 겸임교수

김진
영남대학교 대학원 식품학 석사
영남대학교 대학원 식품학 박사
현) 세경대학교 호텔조리과 교수

양경미
영남대학교 대학원 영양학 석사
영남대학교 대학원 영양학 박사
현) 대구한의대학교 한방식품조리영양학부 식품영양학 교수

김성수
경기대학교 관광학석사
경기대학교 관광학박사
연성대학교 식품영양과 겸임교수
케이에스 푸드 대표
현) 인천재능대학교 한식명품조리과 교수

저자와의
합의하에
인지첩부
생략

New 영양학

2012년 2월 15일 초 판 1쇄 발행
2022년 8월 10일 제3판 2쇄 발행

지은이 김나영 · 김진 · 배상옥 · 양경미 · 최일숙 · 김성수 · 김섭
펴낸이 진욱상
펴낸곳 백산출판사
교 정 박시내
본문디자인 오행복
표지디자인 오정은

등 록 1974년 1월 9일 제406-1974-000001호
주 소 경기도 파주시 회동길 370(백산빌딩 3층)
전 화 02-914-1621(代)
팩 스 031-955-9911
이메일 edit@ibaeksan.kr
홈페이지 www.ibaeksan.kr

ISBN 979-11-6639-144-6 93590
값 22,000원